全国高职高专教育“十二五”规划教材
五年一贯制高职教育规划教材

应用数学基础

第二册

主　编　孙秀燕
副主编　谷成玲　曹同德　胡守华
参　编　韩登利　韩继钊　李振山
程登彪　王　玲

东南大学出版社
·南京·

内 容 提 要

本书的编写以高等职业教育的培养目标为根本依据，遵循“注重基础，强化能力，立足应用”的原则。本教材的内容与现行初中数学教学内容相衔接，充分考虑了学生的年龄特点和数学基础现状，尽量做到由浅入深，由易到难，由具体到抽象，通俗直观，循序渐进。本套教材共两册，本书是第二册，内容包括排列与组合，概率初步，直线方程与二次曲线，立体几何，极限及其应用，导数、微分及其应用，其中带＊号的章节为选学内容。

本书可供五年制大专院校各专业学生学习使用。

图书在版编目(CIP)数据

应用数学基础. 第二册 / 孙秀燕主编. —南京：东南大学出版社，(2018.8 重印)

ISBN 978-7-5641-5028-0

Ⅰ. ①应… Ⅱ. ①孙… Ⅲ. ①应用数学—高等学校—教材 Ⅳ. ①O29

中国版本图书馆 CIP 数据核字(2014)第 123905 号

应用数学基础　第二册

出版发行：东南大学出版社
社　　址：南京市四牌楼 2 号　邮编：210096
出 版 人：江建中
网　　址：http://www.seupress.com
经　　销：全国各地新华书店
印　　刷：南京玉河印刷厂
开　　本：787mm×1092mm　1/16
印　　张：12
字　　数：282 千字
版　　次：2014 年 8 月第 1 版
印　　次：2018 年 8 月第 2 次印刷
印　　数：3001—4000 册
书　　号：ISBN 978-7-5641-5028-0
定　　价：25.50 元

本社图书若有印装质量问题，请直接与营销部联系。电话(传真)：025—83791830

前言

PREFACE

本套教材是根据教育部制定的《高职高专教育基础课程教学基本要求》和《高职高专教育专业人才培养目标及规格》,结合五年制大专教育的特点编写的. 主要适用于招收初中毕业生的五年一贯制大专教育.

"应用数学基础"是五年制高等职业教育各专业必修的一门公共基础课程,是学生提高文化素质和学习有关专业知识的重要基础. 本教材的编写以高等职业教育的培养目标为根本依据,遵循"注重基础,强化能力,立足应用"的原则. 本教材的内容与现行初中数学教学内容相衔接,充分考虑了学生的年龄特点和数学基础现状,尽量做到由浅入深,由易到难,由具体到抽象,通俗直观,循序渐进. 在课程内容的选取上相比传统数学教材作了较大改动,删去了一些繁琐的推理和证明过程,增加了一些实际应用的内容,力求把数学内容讲得简单易懂,重点让学生接受数学的思想方法,培养解决实际问题的能力.

本套教材共两册,本书是第二册,内容包括排列与组合,概率初步,直线方程与二次曲线,立体几何,极限及其应用,导数、微分及其应用,其中带 * 号的章节为选学内容. 本册内容建议授课时数 128 节.

书中的每一节后配有练习题,供课堂练习选用. 每一章后面都配有复习题,供复习本章内容时选用.

每一章后面都有本章小结,包括本章的主要内容和应注意的问题,供复习这一章时参考.

每章都安排了一两篇趣味阅读,供课后学生阅读,以调动学生的学习兴趣和情感,拓宽视野,强化应用能力.

为跟上计算机应用的发展步伐,本书特意增加了 Mathematica 软件的应用内容,供各个学校根据需要选学.

本套书由山东莱芜职业技术学院数学教研室组织编写,参与学校教育研究项目《以创新能力培养为导向的五年制数学教学体系的构建与实践》. 本册书由孙秀燕担任主编,谷成玲、曹同德、胡守华担任副主编,其中朱立斌、王辉、赵宪民对本书的编写提出了宝贵意见,韩登利、韩继钊、王玲、程登彪、李振山也参与了本书的编写和矫正.

本书在编写过程中,得到了各级领导的关心和支持,同时参阅了有关的文献和教材,在此一并表示感谢.

由于编者水平有限,加上时间紧迫,书中存在许多不足和不当之处,真诚欢迎使用本教材的教师和其他读者批评指正,以便今后改进.

编 者

2014 年 5 月

目录

CONTENTS

第1章

排列与组合

DNA 就是遗传物质脱氧核糖核酸，是绝大多数生物遗传的物质基础，存在于地球上绝大多数生物的细胞中，直接决定生物体的遗传．所有的遗传信息都贮存在 DNA 分子中，每个 DNA 分子中都含有很多基因．而所有生物 DNA 分子中，都只有四种碱基，所不同的只是碱基排列而成的脱氧核苷酸序列．

本章的内容着重于排列的个数的计算．

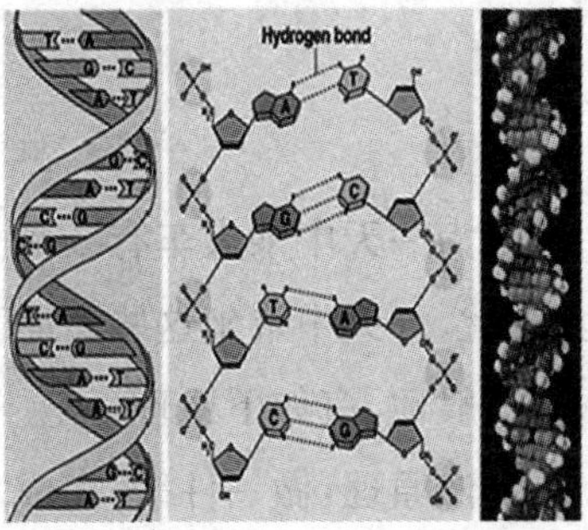

排列与组合这一章都是讨论简单的计数问题，而排列、组合的基础就是基本原理，用好基本原理是排列与组合的关键．

1.1 加法原理和乘法原理

我们先看下面两个问题. 如图 1-1 所示:

(1) 从甲地到乙地,可以乘火车,也可以乘汽车. 一天中,火车有 3 班,汽车有 2 班,问一天中乘坐这些交通工具从甲地到乙地共有多少种不同的走法?

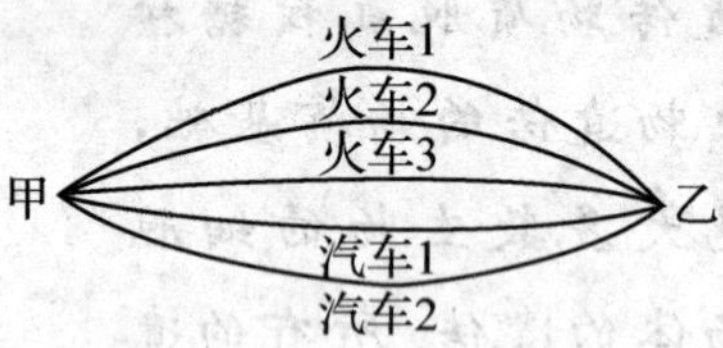

图 1-1

因为一天中乘火车有 3 种走法,乘汽车有 2 种走法,每一种走法都可以从甲地到达乙地,因此,一天中乘坐这些交通工具从甲地到乙地共有 $3+2=5$ 种不同的走法.

一般地,有如下原理:

加法原理:做一件事,完成它可以有 n 类办法,在第一类办法中有 m_1 种不同的方法,在第二类办法中有 m_2 种不同的方法,…,在第 n 类办法中有 m_n 种不同的方法. 那么完成这件事共有 $N=m_1+m_2+\cdots+m_n$ 种不同的方法.

我们再看下面的问题:

(2) 由甲地去丙地的道路有 3 条,由丙地去乙地的道路有 2 条. 从甲地经丙地去乙地,共有多少种不同的走法?

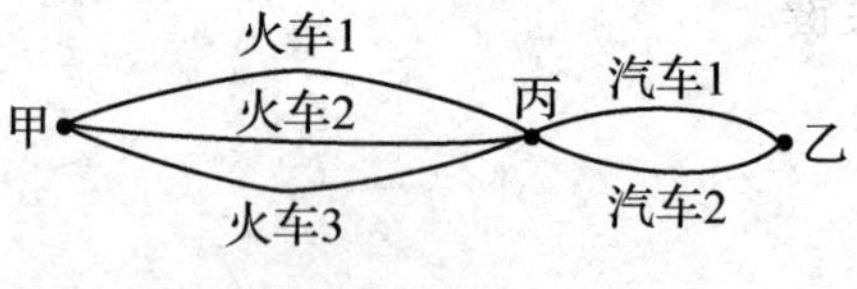

图 1-2

这里,从甲地到丙地有 3 种不同的走法,按这 3 种走法中的每一种走法到达丙地后,再从丙地到乙地又有 2 种不同的走法. 因此,从甲地经丙地去乙地共有 $3\times2=6$ 种不同的走法.

一般地,有如下原理:

乘法原理:做一件事,完成它需要分成 n 个步骤,做第一步有 m_1 种不同的方法,做第二步有 m_2 种不同的方法,…,做第 n 步有 m_n 种不同的方法. 那么完成这件事共有 $N=m_1\times m_2$

$\times\cdots\times m_n$ 种不同的方法.

【例 1-1】 书架上层放有 6 本不同的数学书,下层放有 5 本不同的语文书.

(1) 从中任取一本,有多少种不同的取法?

(2) 从中任取数学书与语文书各一本,有多少种取法?

解 (1) 从书架上任取一本书,有两类办法:第一类办法是从上层取数学书,可以从 6 本书中任取一本,有 6 种方法;第二类办法是从下层取语文书,可以从 5 本书中任取一本,有 5 种方法. 根据加法原理,得到不同的取法的种数是:$m_1+m_2=6+5=11$.

(2) 从书架上任取数学书与语文书各一本,可以分成两个步骤完成:第一步取一本数学书,有 6 种方法;第二步取一本语文书,有 5 种方法. 根据乘法原理,得到不同的取法的种数是 $N=6\times5=30$.

【例 1-2】 由数字 1,2,3,4,5 可以组成多少个数字允许重复的三位数?

解 要组成一个三位数可以分成三个步骤完成:第一步确定百位上的数字,从 5 个数字中任选一个数字,共有 5 种选法;第二步确定十位上的数字,由于数字允许重复,这仍有 5 种选法,第三步确定个位上的数字,同理,它也有 5 种选法. 根据乘法原理,得到可以组成的三位数的个数是 $N=5\times5\times5=125$.

练习 1-1

1. 从甲地到乙地有 2 条陆路可走,从乙地到丙地有 3 条陆路可走,而从甲地不经过乙地到丙地有 2 条水路可走.

   (1) 从甲地经乙地到丙地有多少种不同的走法?

   (2) 从甲地到丙地共有多少种不同的走法?

2. 某校开设 10 门课程供学生选修,其中 A,B,C 三门由于上课时间相同,至多选一门. 学校规定,每位同学选修三门,则每位同学不同的选修方案种数是多少?

3. 由 0~9 这 10 个数字可以组成多少个没有重复数字的三位数?

4. 只用 1,2,3 三个数字组成一个四位数,规定这三个数必须同时使用,且同一数字不能相邻出现,这样的四位数有多少个?

5. 在 1~20 共 20 个整数中取两个数相加,使其和为偶数的不同取法共有多少种?

6. 在 1~20 共 20 个整数中取两个数相加,使其和大于 20 的不同取法共有多少种?

7. 从甲地到乙地有 2 条路可通,从乙地到丙地有 3 条路可通;从甲地到丁地有 4 条路可通,从丁地到丙地有 2 条路可通. 从甲地到丙地共有多少种不同的走法?

1.2 排列

我们先看下面问题：

1. 北京、上海、广州三个民航站之间的直达航线，需要准备多少种不同的机票？

这个问题是在北京、上海、广州三个民航站每次取出两个站，按起点站在前，终点站在后的顺序排列，求一共有多少种不同的排法.

首先确定起点站，有三种方法，其次确定终点站，当选定起点站后，终点站就只能在剩下的的两个站中去选，有两种方法，那么根据乘法原理，在三个民航站每次取出两个站，按起点站在前，终点站在后的顺序排列的不同方法共有 $3\times2=6$ 种，也就是说，需要准备 6 种不同的机票，分别是：

北京——上海　　上海——北京　　广州——北京

北京——广州　　上海——广州　　广州——上海

2. 由数字 1、2、3 可以组成多少个无重复数字的两位数？(请一一列出).

这个问题其实就是在 1、2、3 三个数字中每次取出两个，按十位、个位的顺序排列，求一共有多少种不同的排法.

第一步，先确定十位上的数字，三数中任选一个，有 3 种选法；

第二步，确定个位上的数字，只能从余下的数字中选取，有 2 种选法，根据乘法原理，在 1、2、3 三个数字中每次取出两个，按十位、个位的顺序排两位数的方法共有 $3\times2=6$ 种，就是说，由数字 1、2、3 可以组成 6 个无重复数字的两位数，分别是：

12，21，13，31，23，32.

一般地，有如下定义：

从 n 个不同元素中，任取 $m(m\leqslant n)$ 个元素，按照一定的顺序排成一列，叫做从 n 个不同元素中取出 m 个元素的一个**排列**.

从排列的定义可以知道，元素和顺序都相同的排列才是相同的排列. 即使所选元素完全相同，但排列顺序不同，也是不相同的排列.

从 n 个不同元素中，任取 $m(m\leqslant n)$ 个元素的所有排列的个数叫做从 n 个元素中取出 m 个元素的**排列数**，用符号 P_n^m(也可用 A_n^m)表示.

用符号表示上述各题中的排列数.

求排列数 P_n^2 可以这样考虑：假定有排好顺序的两个空位(如图 1-3).

从 n 个不同元素中任意取两个去填空，一个空位填一个元素，每一种填法就得到一个排列；反过来，任一种排列总可以用这样的一种填法得到. 因此，所有不同的填法总数就是排列数 P_n^2.

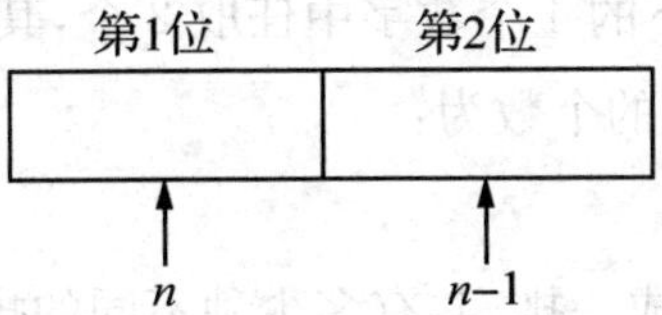

图 1-3

完成填写可分为两步：

第一步，先填第一个位置的元素，n 个元素中任选一个填空，有 n 种方法；

第二步，确定填第二个位置的元素，从剩下的 $n-1$ 个元素中任选一个填空，有 $n-1$ 种方法；

于是，根据乘法原理，得到排列数为：

$$P_n^2=n(n-1)$$

求排列数 P_n^3 可以按依次填 3 个空位来考虑，得：

$$P_n^3=n(n-1)(n-2)$$

依次类推，可得公式：

$$P_n^m=n(n-1)(n-2)\cdots(n-m+1)$$

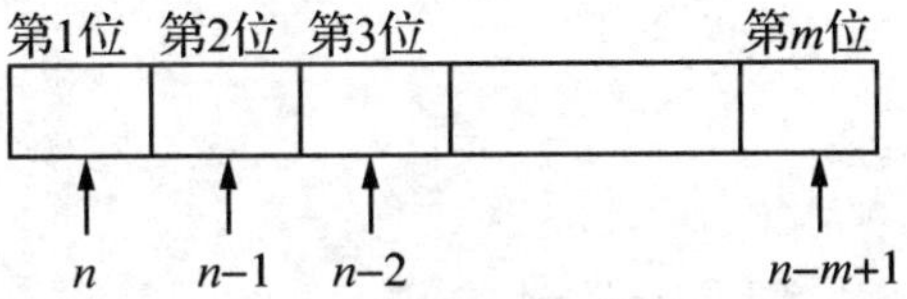

图 1-4

这个公式叫排列数公式，当其中 $m=n$ 时：

$$P_n^n=n(n-1)(n-2)\times\cdots\times3\times2\times1=n!$$

这个公式指出，n 个不同元素全部取出的排列数，等于自然数 1 到 n 的连乘积. n 个不同元素全部取出的一个排列，叫做 n 个不同元素的一个**全排列**，自然数 1 到 n 的连乘积叫做 n 的**阶乘**，用 $n!$ 表示.

【例 1-3】 由数字 1，2，3，4，5 可以组成多少个没有重复数字的三位数？

解 每个数就是在 1，2，3，4，5 五个数字中每次取出三个，按百位、十位、个位的顺序的一个排列，根据排列数公式，可得没有重复数字的三位数的个数为：

$$P_5^3=5\times4\times3=60$$

【例 1-4】 用 0，1，2，3，4 可组成多少个无重复数字的三位数？

解 百位数字不能为零，因此不能直接用 P_5^3 计算.

可分两步来完成此问题：

(1) 从 1,2,3,4 这 4 个数中任取一个数作为百位数，其排列种数为 P_4^1；

(2) 十位和个位数字从余下的 4 个数字中任取 2 个，其排列种数为 P_4^2；

根据乘法原理，所求三位数的个数为：

$P_4^1P_4^2=4\times4\times3=48.$

【例 1-5】 (1) 7 位同学站成一排，共有多少种不同的排法？

(2) 7 位同学站成两排(前 3 后 4)，共有多少种不同的排法？

(3) 7 位同学站成一排，其中甲站在中间的位置，共有多少种不同的排法？

(4) 7 位同学站成一排，甲、乙只能站在两端的排法共有多少种？

解 (1) 问题可以看作：7 个元素的全排列——$P_7^7=5040$.

(2) 根据分步计数原理：$7\times6\times5\times4\times3\times2\times1=7!=5040$.

(3) 问题可以看作：余下的 6 个元素的全排列——$P_6^6=720$.

(4) 根据分步计数原理：第一步 甲、乙站在两端有 P_2^2 种；第二步 余下的 5 名同学进行全排列有 P_5^5 种，则共有 $P_5^5P_2^2=240$ 种排列方法.

练习 1-2

1. 计算：

   (1) P_{100}^3；　　(2) P_6^3.

2. 全国足球甲级联赛共有 14 个队参加，每队要与其余各队在主、客场分别比赛一次，共进行多少场比赛？

3. 五个人排成一排，其中甲不在排头，乙不在排尾，不同的排法有多少种？

4. 用 0,2,3,4,5，五个数字，组成没有重复数字的三位数，其中偶数共有多少个？

5. 氨基酸的排列顺序是决定蛋白质多样性的原因之一，某肽链由 7 种不同的氨基酸构成，若只改变其中 3 种氨基酸的位置，其他 4 种不变，则不同的改变方法共有多少种？

6. 4 名男歌手和 2 名女歌手联合举行一场音乐会，出场顺序要求两名女歌手之间恰有一名男歌手，出场方案的种数共有多少？

7. 编号为 1,2,3,4,5,6 的六个人分别去坐编号为 1,2,3,4,5,6 的六个座位，其中有且只有两个人的编号与座位编号一致的坐法有多少种？

1.3 组 合

看下面的问题：

1. 从甲、乙、丙 3 名同学中选出 2 名去参加某天的一项活动，其中 1 名同学参加上午的活动，1 名同学参加下午的活动，有多少种不同的选法？

2. 从甲、乙、丙 3 名同学中选出 2 名去参加一项活动，有多少种不同的选法？

问题 1 中不但要求选出 2 名同学，而且还要按照一定的顺序"排列"，而问题 2 只要求选出 2 名同学，是与顺序无关的.

一般地，从 n 个不同元素中取出 $m(m\leqslant n)$ 个元素并成一组，叫做从 n 个不同元素中取出 m 个元素的一个组合.

注：(1) 不同元素；

(2)"只取不排"；

(3) 相同组合：元素相同.

从 n 个不同元素中取出 $m(m\leqslant n)$ 个元素的所有组合的个数，叫做从 n 个不同元素中取出 m 个元素的组合数. 用符号 C_n^m 表示.

例如：问题 2 中从 3 个同学选出 2 名同学的组合可以为：甲乙，甲丙，乙丙. 即有 $C_3^2=3$ 种组合.

又如：从 A、B、C、D 四个景点选出 2 个进行游览的组合：AB，AC，AD，BC，BD，CD 一共 6 种组合，即：$C_4^2=6$.

从 4 个不同元素 a，b，c，d 中取出 3 个元素的组合数是多少呢？

由于排列可看做是先组合再排列，所以我们可以考察一下 C_4^3 和 P_4^3 的关系，如下：

组 合　　　　排 列

$abc\to abc, bac, cab, acb, bca, cba$

$abd\to abd, bad, dab, adb, bda, dba$

$acd\to acd, cad, dac, adc, cda, dca$

$bcd\to bcd, cbd, dbc, bdc, cdb, dcb$

由此可知：每一个组合都对应着 6 个不同的排列，因此，求从 4 个不同元素中取出 3 个元素的排列数 P_4^3，可以分如下两步：(1) 考虑从 4 个不同元素中取出 3 个元素的组合，共有 C_4^3 个；(2) 对每一个组合的 3 个不同元素进行全排列，各有 P_3^3 种方法. 由分步计数原理得：

$$P_4^3=C_4^3\cdot P_3^3,$$

所以：$$C_4^3=\frac{P_4^3}{P_3^3}.$$

一般地，求从 n 个不同元素中取出 m 个元素的排列数 P_n^m，可以分如下两步：(1) 先求从 n 个不同元素中取出 m 个元素的组合数 C_n^m；(2) 求每一个组合中 m 个元素全排列数 P_m^m，根据分步计数原理得：$P_n^m=C_n^mP_m^m$

组合数的公式为：

$$C_n^m=\frac{P_n^m}{P_m^m}=\frac{n(n-1)(n-2)\cdots(n-m+1)}{m!}$$

或

$$C_n^m=\frac{n!}{m!\ (n-m)!}(n,m\in\mathbf{N}^*,且\ m\leqslant n).$$

【例 1-6】 从 10 名集训的乒乓球运动员中，任选 3 名参加比赛，问有多少种选法？

解 实际上这是从 10 个不同元素中取出 3 个元素的组合问题，其选派方法种数是：

$$C_{10}^3=\frac{10\times9\times8}{3\times2\times1}=120$$

即共有 120 种选派方法.

【例 1-7】 平面内有 12 个点，其中任意三点不共线，以任意三点为顶点画三角形，一共可以画多少个三角形？

解 因为 12 个点中，任意三点不共线，所以任意三点为顶点都可画三角形，那么，可以画三角形的个数，就是从 12 个不同元素中取出 3 个元素的组合数，即

$$C_{12}^3=\frac{12\times11\times10}{3\times2\times1}=220$$

一共可以画 220 个三角形.

组合数有以下性质：

性质 1： $$C_n^m=C_n^{n-m}$$

容易理解：一般地，从 n 个不同元素中取出 m 个元素后，剩下 $n-m$ 个元素，因而从 n 个不同元素中取出 m 个元素的每一个组合，与剩下的 $n-m$ 个元素的每一个组合一一对应，所以从 n 个不同元素中取出 m 个元素的组合数，等于从这 n 个元素中取出 $n-m$ 个元素的组合数，即：$C_n^m=C_n^{n-m}$.

注：(1) 我们规定 $C_n^0=1$；

(2) 等式特点：等式两边下标同，上标之和等于下标.

性质 2： $$C_{n+1}^m=C_n^m+C_n^{m-1}$$

一般地,从 $a_1,a_2,\cdots,a_{n+1}$ 这 $n+1$ 个不同元素中取出 m 个元素的组合数是 C_{n+1}^m,这些组合可以分为两类:一类含有元素 a_1,一类不含有 a_1. 含有 a_1 的组合是从 $a_2,a_3,\cdots,a_{n+1}$ 这 n 个元素中取出 $m-1$ 个元素与 a_1 组成的,共有 C_n^{m-1} 个;不含有 a_1 的组合是从 $a_2,a_3,\cdots,a_{n+1}$ 这 n 个元素中取出 m 个元素组成的,共有 C_n^m 个. 根据分类计数原理,可以得:

$$C_{n+1}^m=C_n^m+C_n^{m-1}$$

【例 1-8】 100 件产品中有合格品 90 件,次品 10 件,现从中抽取 4 件检查.

(1) 都不是次品的取法有多少种?

(2) 至少有 1 件次品的取法有多少种?

(3) 不都是次品的取法有多少种?

解 (1) $C_{90}^4=2555190$;

(2) $C_{100}^4-C_{90}^4=C_{10}^1C_{90}^3+C_{10}^2C_{90}^2+C_{10}^3C_{90}^1+C_{10}^4=1366035$;

(3) $C_{100}^4-C_{10}^4=C_{90}^1C_{10}^3+C_{90}^2C_{10}^2+C_{90}^3C_{10}^1+C_{90}^4=3921015$.

【例 1-9】 从编号为 1,2,3,…,10,11 的共 11 个球中,取出 5 个球,使得这 5 个球的编号之和为奇数,则一共有多少种不同的取法?

解 分为三类:

第一类:1 奇 4 偶有 $C_6^1C_5^4$;

第二类:3 奇 2 偶有 $C_6^3C_5^2$;

第三类:5 奇 1 偶有 C_6^5.

所以一共有 $C_6^1C_5^4+C_6^3C_5^2+C_6^5=236$ 种不同的取法.

练习 1-3

1. 一个口袋内装有大小相同的 7 个白球和 1 个黑球.

   (1) 从口袋内取出 3 个球,共有多少种取法?

   (2) 从口袋内取出 3 个球,使其中含有 1 个黑球,有多少种取法?

   (3) 从口袋内取出 3 个球,使其中不含黑球,有多少种取法?

2. (1) 平面内有 10 个点,以其中每 2 个点为端点的线段共有多少条?

   (2) 平面内有 10 个点,以其中每 2 个点为端点的有向线段共有多少条?

3. 计算:(1) C_{10}^3 和 C_{10}^7;(2) $C_7^3-C_6^2$ 与 C_6^3;(3) $C_{11}^4+C_{11}^5$.

4. 计算:$C_7^3+C_7^4+C_8^5+C_9^6$.

5. 6 本不同的书分给甲、乙、丙 3 位同学,每人各得 2 本,有多少种不同的分法?

6. 6 本不同的书全部送给 5 人,每人至少 1 本,有多少种不同的送书方法?

7. 假设 200 件产品中有 3 件次品,现在从中任取 5 件,其中至少有 2 件次品的抽法有多少种.

1.4 排列组合问题实际应用

排列组合问题在实际应用中非常广泛,并且解题方法也比较复杂,下面通过一些实例来总结下实际应用中的解题技巧.

1.4.1 特殊元素法

【例 1-10】 7 个人站成一排,如果甲不站在中间,有多少种排法?

解 甲是特殊元素,先安排甲,有 P_6^1 种站法,再安排其余的 6 个人,有 P_6^6 种站法. 由分步计数原理得 $P_6^1 \cdot P_6^6 = 4320$ 种.

1.4.2 捆绑法

【例 1-11】 5 个男生 3 个女生排成一排,3 个女生要排在一起,有多少种不同的排法?

分析:此题涉及的是排队问题,对于女生有特殊的限制,因此,女生是特殊元素,并且要求她们要相邻,因此可以将她们看成是一个元素来解决问题.

解 因为女生要排在一起,所以可以将 3 个女生看成是一个人,与 5 个男生作全排列,有 P_6^6 种排法,其中女生内部也有 P_3^3 种排法,根据乘法原理,共有 $P_6^6 \cdot P_3^3 = 4320$ 种不同的排法.

捆绑法:要求某几个元素必须排在一起的问题,可以用捆绑法来解决问题. 即将需要相邻的元素合并为一个元素,再与其他元素一起作排列,同时要注意合并元素内部也可以作排列.

1.4.3 插空法

【例 1-12】 要排一份有 5 个独唱节目和 3 个舞蹈节目的节目单,如果任何两个舞蹈节目不连排,那么不同的排法有多少种?

解 这个问题的解决需要先排好 5 个独唱节目,再排舞蹈节目. 即第一步,将 5 个独唱节目全排列,有 P_5^5;第二步,在 5 个独唱节目之间(包括两端)的 6 个空档中插入 3 个舞蹈节目,有 P_6^3. 由分步计数原理得 $P_5^5 \cdot P_6^3 = 14400$ 种.

练习 1-4

1. 书架上有 4 本不同的数学书，5 本不同的英语书，全部竖起排成一排，如果不使数学书分开，一共有多少种排法？
2. 学校组织老师学生一起看电影，同一排电影票 12 张. 8 个学生，4 个老师，要求老师在学生中间，且老师互不相邻，共有多少种不同的坐法？

本 章 小 结

一、内容提要

本章的主要内容是排列、组合，解决排列及组合问题的主要依据是分类计数原则和分步计数原理，而排列、组合知识是进一步学习二项式定理的基础.

1. 计数的基本原理

分类计数原理与分步计数原理是关于计数的两个基本原理，它们不仅是推导排列数公式和组合数公式的基础，而且其应用贯穿于本章的始终，并常常需要用它们去解某些问题.

2. 排列与组合

排列与组合主要是研究从一些不同元素中，任取部分或全部元素进行排列或组合，并求有多少种方法的问题，区别排列问题与组合问题要看是否与顺序有关，与顺序有关的就属于排列的问题，与顺序无关的就属于组合问题.

排列与组合的主要公式有：

(1) 排列数公式

$P_n^m=n(n-1)(n-2)\cdots(n-m+1)\ (m\leqslant n)$；

$P_n^n=n(n-1)(n-2)\times\cdots\times3\times2\times1=n!$.

(2) 组合数公式

$$C_n^m=\frac{P_n^m}{P_m^m}=\frac{n(n-1)(n-2)\cdots(n-m+1)}{m!}\ (m\leqslant n);$$

$$C_n^m=\frac{n!}{m!\,(n-m)!}\ (m\leqslant n).$$

(3) 组合数性质

$C_n^m = C_n^{n-m}(m \leqslant n)$；

$C_{n+1}^m = C_n^m + C_n^{m-1}(m \leqslant n)$.

二、学习要求和需要注意的问题

1. 学习要求

(1) 理解分类计数原理和分步计数原理，能用这两个原理分析和解决一些较简单的问题.

(2) 理解排列和排列数的意义，掌握排列数公式.

(3) 理解组合和组合数的意义，掌握组合数公式和组合数的性质.

(4) 能利用排列、组合的意义及排列数、组合数公式解决一些简单的应用问题.

2. 需要注意的问题

(1) 对于一些容易混淆的概念，如排列与排列数、组合与组合数、排列与组合，应注意弄清它们之间的联系与区别.

(2) 注意体会解决本章应用题的思考方法，正向思考时要善于将稍复杂的问题进行分解，解决有些问题时还要学会逆向思考.

复习题 1

1. 填空题.

(1) 乘积$(a_1+a_2+\cdots+a_m)(b_1+b_2+\cdots+b_n)$展开后，共有________项.

(2) $\dfrac{12!}{7! \times 3! \times 2!}=$________.

(3) 5 个人坐一条长凳，不同的坐法共有________种，如果其中甲乙二人不能相邻的坐法共有________.

(4) 从南、北两个方向分别有 5 条、3 条路通往山顶，某人从一面上山由另一面下山，共有走法的种数是________.

2. 选择题

(1) 5 个人分 4 张同样的足球票，每人至多分 1 张，而且票必须分完，那么不同分法的种数是(　　).

A. 5^4　　B. 4^5　　C. $5\times4\times3\times2$　　D. $\dfrac{5\times4\times3\times2}{4!}$

(2) 5 名同学去听同时进行的 4 个课外知识讲座，每名同学可自由选择听其中的一个讲座，不同选法的种数是(　　).

A. 5^4　　B. 4^5　　C. $5\times4\times3\times2$　　D. $\frac{5\times4\times3\times2}{4!}$

(3) 正十二边形的对角线的条数是(　　).

A. $\frac{12\times11}{2}$　　B. $\frac{12\times9}{2}$　　C. 12×11　　D. 12×9

3. 由数字 1,2,3,4,5,6 可组成多少个没有重复数字的正六位数?

4. 用 0,1,2,3,4,5 这六个数字,

(1) 可组成多少个不同的自然数?

(2) 可组成多少个无重复数字的五位数?

(3) 可组成多少个无重复数字的五位奇数?

(4) 可组成多少个无重复数字的能被 5 整除的五位数?

5. 一个集合由 8 个不同元素组成，这个集合中含有 3 个元素的子集有多少个?

6. 一个集合由 5 个不同元素组成，其中含 1 个、2 个、3 个、4 个元素的子集共有多少个?

中国古代数学家杨辉

从杨辉三角我们就已经知道杨辉是我国古代的一位数学家，其实，杨辉三角只是他的贡献中很小的一部分，他不仅是一位数学家，而且还是一位在中国数学教育史上占有重要地位的数学教育家.

杨辉字谦光，钱塘(今杭州)人，在南宋时期(约13世纪中叶至后半叶)，活动在苏、杭一带，杨辉在数学上乘除捷算法、纵横图研究和级数求和等成就，被列为与秦九韶、李冶和朱世杰齐名的宋元四大家，他给我们留下5部共21卷数学著作，他不仅为数学的发展做出了重要贡献，而且为我们留下了先进的数学教育思想，这些著作还对我们了解当时数学的发展情况有着重要意义，现分别介绍如下：

1.《详解九章算术》12卷1201年取《九章算术》问题中的80问作了详细的解答，书中的“开方作法本源图”就是我们所说的杨辉三角.

2.《日用算法》2卷1262年，是一本通俗算术书.

3.《乘法通变本末》3卷1274年，是论述四则运算等方法的书.

4.《田亩比类乘除捷算法》2卷1275年，其中论述了开方术.

5.《续古摘奇算法》1275年，内容是论述纵横图，并说《海岛算经》，其中保存了大量珍贵的数学史料.

杨辉认为，学好数学至少应该注意三个方面的问题；

1. 应循序渐近和熟读精思.

2. 积极诱导，培养学习者的计算能力.

3. 不放松在学习过程中的细小环节.

他还为初学者制定了“习算纲目”，被称为杰出的数学教育家.

杨辉强调数学研究工作放在计算技术方面，治学态度一贯严谨，经常对前人的著作中的错误提出批评和修改意见，例如，在《田亩比类乘除捷算法》一书中，就指出《算经十书》的《五曹算经》中题问不清，法草公式不合，以及近似计算的误差过大等问题，并提出了自己的看法，即使对刘徽那样的大数学家，他也同样用批判的精神来介绍其著作《海岛算经》中的第一题的内容.

第2章

概率初步

只需付出2元钱，押对一组的七个数字，便可赢得百万、千万的巨额奖金，这是许多买彩票者的财富梦想. 了解些概率知识，也许并不能去帮你赢得大奖，但至少可以帮你评估下你的所作所为可以使你富或大富或暴富的可能性，教你向着正确的方向努力.

概率论是研究和揭示随机现象的统计性规律，事实上它是从诸如掷色子、分赌本之类不入大雅之堂的事情入手渐渐发展出来的，但它却是现代数学中最为广泛应用的数学理论之一，并能从随机事件中找出确定的规律性，且其理论和方法已得到广泛应用，如天气预报，生产质量管理，经济预测等. 本章我们介绍概率论的最基本的知识.

2.1 随机事件的概率

我们首先来看下面的一些事件：

(1) 标准大气压下，水加热到100℃时沸腾；

(2) 任意三角形，它的内角和是180°；

(3) 异性电荷互相排斥；

(4) 常温下，焊锡熔化；

(5) 某人买了一张彩票，中奖；

(6) 掷一枚硬币，正面向上.

可以看到，事件(1)(2)是必然要发生的，(3)(4)是不可能发生的，而(5)(6)是可能发生，也可能不发生的.

在一定条件下必然要发生的事件，叫做**必然事件**.

在一定条件下不可能发生的事件，叫做**不可能事件**.

必然事件和不可能事件统称为确定性事件.

在一定的条件下可能发生也可能不发生的事件，叫做**随机事件**(也叫偶然事件).

上面的(1)(2)是必然事件，(3)(4)是不可能事件，(5)(6)是随机事件，在实际生活中，我们会经常碰到随机事件，例如，"掷一颗均匀的骰子，出现1点"，"种下一粒种子，发芽"，" 抛一枚匀称的硬币，出现正面"等也都是随机事件.

随机事件在一次试验中是否发生虽然不能事先确定，但是在大量重复试验的情况下，它的发生呈现出一定的规律性. 例如，在一般情况下，无论是谁去抛一枚均匀的硬币，出现正面的概率都是$\frac{1}{2}$；无论是谁去掷一颗均匀的骰子，出现1点的概率都是$\frac{1}{6}$，它们是客观存在的. 某个随机事件发生的可能性也是客观存在的，不以人的认识为转移.

那么，怎样去度量一个事件的可能性呢？

将事件的条件实现一次叫做一次随机试验，也就是说对随机现象旳一次观察叫做一次随机试验.

在一定的条件下，重复做n次试验，如果事件A在这n次试验中出现了m次，则称$\frac{m}{n}$为事件A在这个条件下发生的频率，一般地，在大量重复进行同一试验时，事件A发生的频率$\frac{m}{n}$总是接近于某个常数，并在它附近摆动，这时就把这个常数叫做事件A的**概率**，记作$P(A)$.

事实上，掷一颗均匀的骰子，假设 A 表示出现 1 点的事件. 许许多多的人，经过很多很多次回合，每一回都做了大量重复掷这颗均匀骰子的试验，统计每回事件 A 发生的频率，统计结果会表明：几乎所有的回合，当掷的次数增加时，事件 A 的频率都会趋向一个确定的常数 $\frac{1}{6}$(概率).

概率从数量上反映了一个事件发生的可能性的大小，上例告诉我们，“掷一颗均匀的骰子，出现 1 点”这个事件发生的概率是 $\frac{1}{6}$，这就是说，一颗均匀的骰子，任意投掷一次，它出现 1 点的可能性是 $\frac{1}{6}$.

根据概率的定义，求一个事件的概率最基本方法是通过大量的重复试验，求得事件发生的频率，用这个频率近似地作为它的概率.

【例 2-1】 某厂家生产一批手机，抽出 1000 部手机进行试验，其中有 993 部是合格品，计算手机为合格品的频率.

解 “手机为合格品”这个事件发生的频率是：

$$\frac{993}{1000}=0.993$$

也可以说，“手机为合格品”这个事件发生的频率约为 0.993，即每抽取一部手机，它被检为合格品的可能性是 99.3%.

合格率可看成“产品为合格品”这个事件发生的概率的近似值.

任意事件 A 的概率 $P(A)$ 在 0 与 1 之间，即：

$$\boxed{0 \leqslant P(A) \leqslant 1}$$

设随机事件 A 在 n 次试验中发生了 m 次，那么有：

$$0 \leqslant m \leqslant n, 0 \leqslant \frac{m}{n} \leqslant 1$$

所以，对于任意事件 A，它的概率 $P(A)$ 总满足 $0 \leqslant P(A) \leqslant 1$.

可以把必然事件和不可能事件看成是随机事件的特殊情形，必然事件的概率等于 1，不可能事件的概率等于 0.

随机事件的概率，一般可以通过大量重复试验求得其近似值，但对于某些随机事件，也可能不通过重复试验，而只通过对一次试验中可能出现的结果的分析来计算概率.

例如，投掷一次均匀的硬币，它要么出现正面，要么出现反面，由于硬币的均匀性，出现这两种结果的可能性是相等的，因此，可以认为出现正面的概率是 $\frac{1}{2}$，出现反面的概率也是 $\frac{1}{2}$，这和大量重复试验的结果是一致的，历史上，有人做过成千上万次掷一枚均匀硬币的试

验,下表 2-1 是他们的试验记录:

表 2-1

实验者	投掷数 n	出现正面朝上的次数 m	频率 $\frac{m}{n}$
德摩根	2048	1061	0.518
蒲丰	4040	2048	0.5069
K·皮尔逊	12000	6019	0.5016
K·皮尔逊	24000	12012	0.5005

如果投掷两枚均匀的硬币,这两枚硬币落下后,出现四种结果的可能性是相等的,如图 2-1 所示:

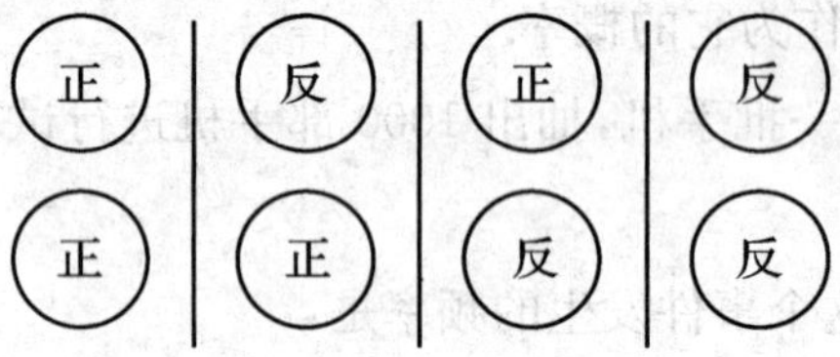

图 2-1

在这四种可能性相等的结果中,两枚都出现正面的结果只有一种,所以投掷两枚硬币时出现两个正面的概率是$\frac{1}{4}$;同理,两枚都出现反面的概率也是$\frac{1}{4}$.

在这四种可能性相等的结果中,一枚出现正面,一枚出现反面的结果则有两种,所以投掷两枚硬币出现一枚正面、一枚反面的概率为$\frac{1}{2}$.

一般地,如果一次试验中共有 n 种等可能出现的结果,其中事件 A 包含的结果有 m 种,那么事件 A 的概率 $P(A)$是$\frac{m}{n}$.

【例 2-2】 一个口袋内装有大小相等的 1 个白球和已编有不同号码的 3 个黑球,从中摸出 2 个球.

(1) 共有多少种不同的结果?

(2) 摸出 2 个黑球有多少种不同的结果?

(3) 摸出 2 个黑球的概率是多少?

解 (1) 从装有 4 个球的口袋内摸出 2 个球,共有 $C_4^2=6$ 种不同的结果,即由所有结果组成的集合 I 含有 6 个元素,如图 2-2 所示.

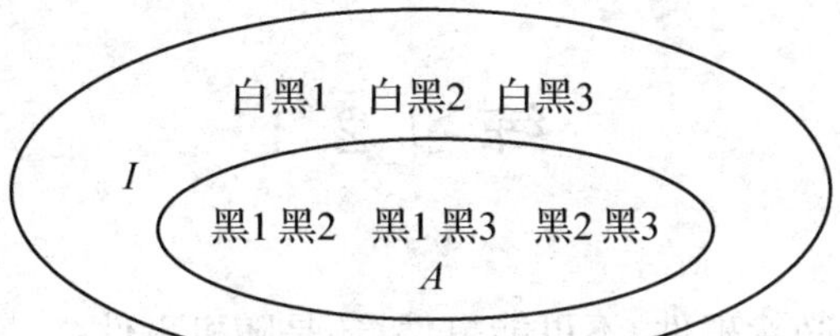

图 2-2

(2) 从 3 个黑球中摸出 2 个球，共有 $C_3^2=3$ 种不同的结果，这些结果组成 I 的一个含有 3 个元素的子集 A(如图 2-2 所示).

(3) 由于口袋内 4 个球的大小相等，从中摸了 2 个球的 6 种结果是等可能的，又在这 6 种结果中，摸出 2 个黑球的结果有 3 种，因此从中摸出 2 个黑球的概率：

$$P(A)=\frac{3}{6}=\frac{1}{2}.$$

答：(1) 共有 6 种不同的结果；

(2) 摸出 2 个黑球有 3 种不同的结果；

(3) 摸出 2 个黑球的概率是$\frac{1}{2}$.

【例 2-3】 一批产品总数为 100 件，其中合格品是 95 件，次品是 5 件，从中任取 2 件，计算：

(1) 2 件都是合格品的概率；

(2) 2 件都是次品的概率；

(3) 1 件是合格品、一件是次品的概率.

解　(1) 从 100 件产品中任取 2 件，可能出现的结果共有 C_{100}^2 种，由于是任意抽取，这些结果出现的可能性都相等，我们把“任取 2 件，都是合格品”记作事件 A，由于在 C_{100}^2 种结果中，取到 2 件合格品的结果有 C_{95}^2 种，事件 A 的概率：

$$P(A)=\frac{C_{95}^2}{C_{100}^2}=\frac{893}{990}.$$

(2) 记“任取 2 件，都是次品”为事件 B，由于在 C_{100}^2 种结果中，取到 2 件次品的结果有 C_5^2 种，事件 B 的概率：

$$P(B)=\frac{C_5^2}{C_{100}^2}=\frac{1}{495}.$$

(3) 记“任取 2 件，1 件是合格品、1 件是次品”为事件 C，由于在 C_{100}^2 种结果中，取到 1 件是合格品、1 件是次品的结果有 $C_{95}^1\cdot C_5^1$ 种，事件 C 的概率：

$$P(C)=\frac{C_{95}^1\cdot C_5^1}{C_{100}^2}=\frac{19}{198}.$$

练习 2-1

1. 指出下列事件是必然事件,不可能事件,还是随机事件:

(1) 如果 a,b 都是实数,那么 $a+b=b+a$;

(2) 在标准大气压下,水的温度达到 50℃时沸腾;

(3) 没有水分,种子发芽;

(4) 同性电荷,相互排斥;

(5) 掷一枚硬币一次,出现两个正面;

(6) 当 a 为实数时, $|a|<0$;

(7) 2015 年 10 月 1 日济南下雨.

2. 某射手在同一条件下进行射击,结果如表 2-2 所示:

表 2-2

射击次数 n	10	20	50	100	200	500
击中靶心次数 m	8	19	44	92	178	455
击中靶心频率 $\frac{m}{n}$						

(1) 填写上表中击中靶心的频率;

(2) 这个射手射击一次,击中靶心的概率是多少?

3. 从 1,2,…,9 这九个数中,随机抽取 3 个不同的数,则这 3 个数的和为偶数的概率是多少?

4. 在两个袋中各装有分别写着 0,1,2,3,4,5 的 6 张卡片. 今从每个袋中任取一张卡片,则取出的两张卡片上数字之和恰为 7 的概率为多少?

5. 一盒中装有 20 个大小相同的弹子球,其中红球 10 个,白球 6 个,黄球 4 个,一小孩随手拿出 4 个,求至少有 3 个红球的概率.

6. (1) 将骰子抛掷 1 次,朝上的一面出现奇数的概率是多少?

(2) 将骰子抛掷 2 次,朝上的一面的数字之和为 7 的概率是多少?

7. 一个各面都涂有色彩的正方体,被锯成同样大小的 27 个小正方体,将这些正方体混合后,从中任取一个小正方体,求:

(1) 有一面涂有色彩的概率;

(2) 有两面涂有色彩的概率;

(3) 有三面涂有色彩的概率.

2.2　互斥事件有一个发生的概率

在一个盒子内放有 10 个大小相同小球，其中有 7 个红球、2 个绿球、1 个黄球(图 2-3). 我们把“从中摸出 1 个球，得到红球”叫做事件 A，“从中摸出 1 个球，得到绿球”叫做事件 B，“从中摸出 1 个球，得到黄球”叫作事件 C.

如果从盒中摸出的 1 个球是红球，即事件 A 发生，那么事件 B 就不发生，如果从盒中摸出的 1 个球是绿球，即事件 B 发生，那么事件 A 就不发生. 就是说，事件 A 与 B 不可能同时发生，这种不可能同时发生的两个事件叫做**互斥事件**. 容易看到，事件 B 与 C 也是互斥事件，事件 A 与 C 也是互斥事件.

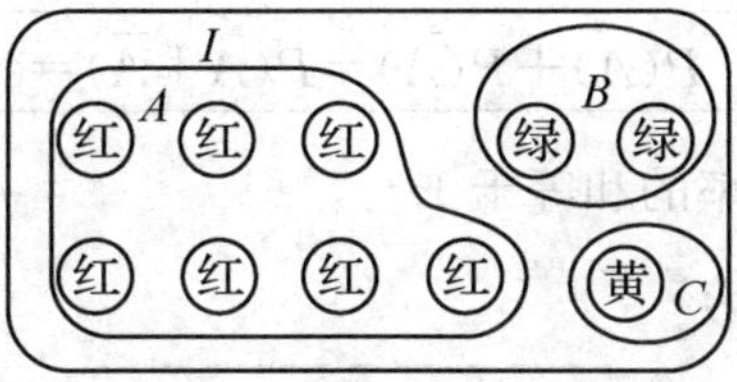

图 2-3

对于上面事件 A,B,C，其中任何两个都是互斥事件，这时我们说事件 A,B,C 彼此互斥，一般地，如果事件 $A_1,A_2,\cdots,A_n$ 中的任何两个都是互斥事件，那么就说事件 $A_1,A_2,\cdots,A_n$ **彼此互斥**.

在上面的问题中，我们把“从盒子中摸出 1 个球，得到的不是红球(即绿球或黄球)”记作事件$\overline{A}$，由于事件 A 与$\overline{A}$不可能同时发生，它们是互斥事件，又由于摸出的 1 个球要么是红球，要么不是红球，事件 A 与$\overline{A}$中必有一个发生. 这种其中必有一个发生的互斥事件叫做**对立事件**，事件 A 的对立事件通常记作$\overline{A}$.

在上面的问题中，“从盒中摸出 1 个球，得到红球或绿球”是一个事件，当摸出的是红球或绿球时，表示这个事件发生，我们把这个事件记作 $A+B$，现在要问：事件 $A+B$ 的概率是多少？

因为从盒中摸出 1 个球有 10 种等可能的方法，而得到红球或绿球的方法有 $7+2$ 种，所以得到红球或绿球的概率：

$$P(A+B)=\frac{7+2}{10}.$$

另一方面

$$P(A)=\frac{7}{10},P(B)=\frac{2}{10}.$$

由$\frac{7+2}{10}=\frac{7}{10}+\frac{2}{10}$,我们看到:

$$\boxed{P(A+B)=P(A)+P(B)}$$

它告诉我们,如果事件A,B互斥,那么事件$A+B$发生(即A,B中有一个发生)的概率,等于事件A,B分别发生的概率的和.

一般地,如果事件$A_1,A_2,\cdots,A_n$彼此互斥,那么事件$A_1+A_2+\cdots+A_n$发生(即$A_1,A_2,\cdots,A_n$中有一个发生)的概率,等于这n个事件分别发生的概率的和,即:

$$P(A_1+A_2+\cdots+A_n)=P(A_1)+P(A_2)+\cdots+P(A_n)$$

根据对立事件的意义,$A+\overline{A}$是一个必然事件,它的概率等于1,又由于A与$\overline{A}$互斥,我们得到:

$$\boxed{P(A)+P(\overline{A})=P(A+\overline{A})=1}$$

这就是说,对立事件的概率的和等于1.

从上面的公式还可能得到:

$$\boxed{P(\overline{A})=1-P(A).}$$

【例2-4】 某地区的年降水量在下列范围内的概率如表2-3表示.

表2-3

年降水量(单位 mm)	[100,150)	[150,200)	[200,250)	[250,300)
概率	0.16	0.25	0.18	0.26

(1) 求年降水量在[100,200)(mm)范围内的概率;

(2) 求年降水量在[150,300)(mm)范围内的概率.

解 (1) 记这个地区的年降水量在[100,150)、[150,200)、[200,250)、[250,300)(mm)范围内分别为事件A,B,C,D,这4个事件是彼此互斥的,根据互斥事件的概率加法公式,年降水量在[100,200)(mm)范围内的概率是:

$$P(A+B)=P(A)+P(B)=0.16+0.25=0.41.$$

(2) 年降水量在[150,300)(mm)范围内的概率是:

$$P(B+C+D)=P(B)+P(C)+P(D)=0.25+0.18+0.26=0.69.$$

答:(1) 年降水量在[100,200)(mm)范围内的概率是0.41;

(2) 年降水量在[150,300)(mm)范围内的概率是0.69.

【例2-5】 在20件产品中,有15件一级品,5件二级品,从中任取3件,其中至少有1件为二级品的概率是多少?

解法 1:记从 20 件产品中任取 3 件,其中恰有 1 件二级品为事件 A_1,恰有 2 件二级品为事件 A_2,3 件全是二级品为事件 A_3,这样,事件 A_1,A_2,A_3 的概率:

$$P(A_1)=\frac{C_5^1\cdot C_{15}^2}{C_{20}^3}=\frac{105}{228}$$

$$P(A_2)=\frac{C_5^2\cdot C_{15}^1}{C_{20}^3}=\frac{30}{228}$$

$$P(A_3)=\frac{C_5^3}{C_{20}^3}=\frac{2}{228}$$

根据题意,事件 A_1,A_2,A_3 彼此互斥,由互斥事件的概率加法公式知,3 件产品中至少有 1 件为二级品的概率是:

$$P(A_1+A_2+A_3)=P(A_1)+P(A_2)+P(A_3)=\frac{105}{228}+\frac{30}{228}+\frac{2}{228}=\frac{137}{228}.$$

解法 2:记从 20 件产品中任取 3 件,3 件全是一级品为事件 A,那么:

$$P(A)=\frac{C_5^3}{C_{20}^3}=\frac{91}{228}.$$

由于"任取 3 件,至少有 1 件为二级品"是事件 A 的对立事件$\overline{A}$,根据对立事件的概率加法公式,得到:

$$P(\overline{A})=1-P(A)=1-\frac{91}{228}=\frac{137}{228}.$$

答:其中至少有一件为二级品的概率是$\frac{137}{228}$.

练习 2-2

1. 判别下列每对事件是不是互斥事件,如果是,再判别它们是不是对立事件.

   从一堆产品(其中正品与次品都多于 2 个)中任取 2 件,其中:

   (1) 恰有 1 件次品和恰有 2 件次品;

   (2) 至少有 1 件次品和全是次品;

   (3) 至少有 1 件正品和至少有 1 件次品;

   (4) 至少有 1 件次品和全是正品.

2. 一个事件发生的概率是 0.37,这个事件不发生的概率是多少?

3. 甲乙两人下棋,甲获胜的概率为 30%,两人下成和棋的概率为 50%,那么甲不输的概率是多少?

4. 某人有 5 把钥匙,一把是房门钥匙,但忘记了开房门的是哪一把. 于是,他逐把不重复地试开,问:

(1) 恰好第三次打开房门锁的概率是多少?

(2) 三次内打开的概率是多少?

2.3 相互独立事件同时发生的概率

看下面的问题:

甲坛子里有 3 个白球,2 个黑球,乙坛子里有 2 个白球,2 个黑球,从这两个坛子里分别摸出 1 个球,它们都是白球的概率是多少?

我们把“从甲坛子里摸出 1 个球,得到白球”叫做事件 A,从“乙坛子里摸出 1 个球,得到白球”叫做事件 B,很明显,从一个坛子摸出的是白球还是黑球,对从另一个坛子里摸出白球的概率没有影响,这就是说,事件 A(或 B)是否发生对事件 B(或 A)发生的概率没有影响,这样的两个事件叫做相互独立事件.

在上面的问题里,事件$\overline{A}$是指“从甲坛子里摸出 1 个球,得到黑球”,事件$\overline{B}$是指“从乙坛子里摸出 1 个球,得到黑球”. 很明显,事件 A 与$\overline{B}$,$\overline{A}$与 B,$\overline{A}$与$\overline{B}$也都是相互独立的. 一般地,如果事件 A 与 B 相互独立,那么 A 与$\overline{B}$,$\overline{A}$与 B,$\overline{A}$与$\overline{B}$也都是相互独立的.

“从两个坛子里分别摸出 1 个球,都是白球”是一个事件,它的发生,就是事件 A,B 同时发生,我们将它记作 $A \cdot B$,于是需要研究,上面两个相互独立事件 A,B 同时发生的概率 $P(A \cdot B)$是多少?

从甲坛子里摸出 1 个球,有 5 种等可能的结果,从乙坛里摸出 1 个球,有 4 种等可能的结果,于是从两个坛子里各摸出 1 个球,共有 5×4 种等可能的结果,表示如下(其中每个结果的左、右分别表示从甲乙坛子里取出的球的颜色):

<u>(白、白)</u>	<u>(白、白)</u>	(白、黑)	(白、黑)
<u>(白、白)</u>	<u>(白、白)</u>	(白、黑)	(白、黑)
<u>(白、白)</u>	<u>(白、白)</u>	(白、黑)	(白、黑)
(黑、白)	(黑、白)	(黑、黑)	(黑、黑)
(黑、白)	(黑、白)	(黑、黑)	(黑、黑)

在上面 5×4 种结果中,同时摸出白球的有 3×2 种,从两个坛子里分别摸出 1 个球,都是白球的概率.

$$P(A \cdot B)=\frac{3\times 2}{5\times 4}.$$

另一方面，从甲坛子里摸出 1 个球，得到白球的概率：

$$P(A)=\frac{3}{5}.$$

从乙坛子里摸出 1 个球，得到白球的概率：

$$P(B)=\frac{2}{4}.$$

由 $\frac{3\times 2}{5\times 4}=\frac{3}{5}\times\frac{2}{4}$，我们看到：

$$P(A \cdot B)=P(A)P(B).$$

这就是说，两个相互独立事件同时发生的概率，等于每个事件发生的概率的积；

一般地，如果事件 $A_1, A_2, \cdots, A_n$，相互独立，那么这 n 个事件同时发生的概率，等于每个事件发生的概率的积，即：

$$P(A_1 \cdot A_2 \cdot \cdots \cdot A_n)=P(A_1)P(A_2)\cdots P(A_n)$$

在上面的问题中，“从甲坛子里摸出 1 个球，得到黑球”与“从乙坛子里摸出 1 个球，得到白球”同时发生的概率：

$$P(\overline{A} \cdot B)=P(\overline{A}) \cdot P(B)=\frac{2}{5}\times\frac{1}{2}=\frac{1}{5}.$$

【例 2-6】 甲乙 2 人各进行 1 次射击，如果 2 人击中目标的概率都是 0.6，计算：

(1) 2 人都击中目标的概率；

(2) 其中恰有 1 个击中目标的概率；

(3) 至少有 1 人击中目标的概率.

解　(1) 记“甲射击 1 次，击中目标”为事件 A，“乙射击 1 次，击中目标”为事件 B，由于甲(或乙)是否击中，对乙(或甲)击中的概率是没有影响的，因此 A 与 B 是相互独立事件，又“两人各射击 1 次，都击中目标”就是事件 $A \cdot B$ 发生，根据相互独立事件的概率乘法公式，得到：

$$P(A \cdot B)=P(A)P(B)=0.6\times 0.6=0.36.$$

(2) “2 人各射击 1 次，恰有 1 人击中目标”包括两种情况：一种是甲击中、乙未击中(事件 $A \cdot \overline{B}$ 发生)，另一种是甲未击中、乙击中(事件 $\overline{A} \cdot B$ 发生)，根据题意，这两种情况在各射击 1 次时不可能同时发生，即事件 $A \cdot \overline{B}$ 与 $\overline{A} \cdot B$ 互斥，根据互斥事件的概率加法公式和相互独立的概率乘法公式，所求的概率是：

$$P(A\cdot\overline{B})+P(\overline{A}\cdot B)=P(A)\cdot P(\overline{B})+P(\overline{A})\cdot P(B)$$
$$=0.6\times(1-0.6)+(1-0.6)\times0.6$$
$$=0.24+0.24$$
$$=0.48.$$

(3) 解法 1:“2 人两个各射击 1 次,至少有 1 人击中目标”的概率:

$$P=P(A\cdot B)+[P(A\cdot\overline{B})P(\overline{A}\cdot B)]=0.36+0.48=0.84.$$

解法 2:2 人都未击中目标的概率是:

$$P(\overline{A}\cdot\overline{B})=P(\overline{A})\cdot P(\overline{B})=(1-0.6)\times(1-0.6)=0.4\times0.4=0.16.$$

因此,至少有 1 人击中目标的概率:

$$P=1-P(\overline{A})\cdot P(\overline{B})=1-0.16=0.84.$$

答:(1) 2 人都击中目标的概率为 0.36;(2) 其中恰有 1 人击中目标的概率是 0.48;(3) 至少有 1 人击中目标的概率是 0.84.

练习 2-3

1. 某种零件经过三道工序加工才是成品,第一道工序的合格率是 95%,第二道工序的合格率是 98%,第三道工序的合格率是 99%,假定这三道工序互不影响,那么成品的合格率是多少?(结果精确到 0.01)
2. 甲、乙两队进行一场排球比赛,根据以往经验,单局比赛甲队胜乙队的概率为 0.6. 本场比赛采用五局三胜制,即先胜三局的队获胜,比赛结束. 设各局比赛相互间没有影响,求:

   (1) 前三局比赛甲队领先的概率;

   (2) 本场比赛乙队取胜的概率.
3. 在某段时间内,甲地下雨的概率是 0.3,乙地下雨的概率是 0.6,假定在这段时间内两地是否下雨相互之间没有影响,计算在这段时间内:

   (1) 甲乙两地都下雨的概率?

   (2) 甲乙两地都不下雨的概率?

   (3) 其中至少 1 个地方下雨的概率.
4. 某人参加一次考试,若五道题中解对四题为及格,已知他解题的正确率为 3/5,试求他能及格的概率.

5. 设有两门高射炮，每一门击中飞机的概率都是 0.6，试求：

(1) 同时射击一发炮弹而命中飞机的概率；

(2) 若又一架敌机侵犯，要以 99%的概率击中它，问需多少门高炮？

6. 一批产品有 30%的一级品，现进行有放回抽样检查，共取出 5 个样品，试求：

(1) 取出的 5 个样品恰有 2 个一级品的概率；

(2) 取出的 5 个样品中至少有 2 个一级品的概率.

7. 在抗菌素的生产中，需要培养优良的菌株，若一只菌株变成优良菌株的概率是 0.05，那么从大批经过诱变处理的菌株中，选择多少进行培养，才能有 95%的把握至少选到一只优良菌株？

8. 某射手射击 1 次，击中目标的概率是 0.9，他射击 4 次，第 3 次未击中而其余各次均击中的概率是多少？

2.4　独立重复试验

请看下面的问题：

某射手射击 1 次，击中目标的概率是 0.9，他射击 4 次恰好击中 3 次的概率是多少？

分别记在第 1,2,3,4 次射击中，这个射手击中目标的事件为 A_1,A_2,A_3,A_4，未击中目标事件为 $\overline{A_1},\overline{A_2},\overline{A_3},\overline{A_4}$，那么，射击 4 次，击中 3 次共有下面 4 种情况：

$A_1A_2A_3\overline{A_4}$，$A_1A_2\overline{A_3}A_4$，$A_1\overline{A_2}A_3A_4$，$\overline{A_1}A_2A_3A_4$.

上述每一种情况，都可以看成是在 4 个位置上取出 3 个写上 A，另一个写上 $\overline{A}$，所以这些情况的种数等于从 4 个元素中取出 3 个的组合数 C_4^3，即 4 种.

由于各次射击是否击中相互之间没有影响，根据相互独立的概率乘法公式，前 3 次击中，第 4 次未击中的概率：

$$\begin{aligned}P(A_1\cdot A_2\cdot A_3\cdot\overline{A_4})&=P(A_1)P(A_2)P(A_3)P(\overline{A_4})\\&=0.9\times0.9\times0.9\times(1-0.9)\\&=0.9^3\times(1-0.9)^{4-3}.\end{aligned}$$

同理：

$$\begin{aligned}&P(A_1\cdot A_2\cdot\overline{A_3}\cdot A_4)\\=&P(A_1\cdot\overline{A_2}\cdot A_3\cdot A_4)\\=&P(\overline{A_1}\cdot A_2\cdot A_3\cdot A_4)\end{aligned}$$

$$=0.9^3\times(1-0.9)^{4-3}.$$

这就是说，在上面射击 4 次，击中 3 次的 4 种情况，每一种发生的概率都是$0.9^3\times(1-0.9)^{4-3}$，因为这 4 种情况彼此互斥，根据互斥事件的概率加法公式，射击 4 次，击中 3 次的概率：

$$P(A_1\cdot A_2\cdot A_3\cdot \overline{A_4})+P(A_1\cdot A_2\cdot \overline{A_3}\cdot A_4)$$
$$+P(A_1\cdot \overline{A_2}\cdot A_3\cdot A_4)+P(\overline{A_1}\cdot A_2\cdot A_3\cdot A_4)$$
$$=C_4^3\times0.9^3\times(1-0.9)^{4-3}$$
$$\approx4\times0.9^3\times0.1\approx0.29.$$

在上面例子中，4 次射击可以看成是进行 4 次独立重复试验.

一般地，如果在 1 次试验中某事件发生的概率是 P，那么在 n 次独立重复试验中这个事件恰好发生 k 次的概率：

$$\boxed{P_n(k)=C_n^kP^k(1-P)^{n-k}}$$

【例 2-7】 某气象站天气预报的准确率为 80%，试计算(结果保留两个有效数字)：

(1) 5 次预报中恰有 4 次准确的概率；

(2) 5 次预报中至少有 4 次准确的概率.

解 (1) 记“预报 1 次，结果准确”为事件 A，预报 5 次相当于 5 次独立重复试验，根据 n 次独立重复试验中事件发生 k 次的概率公式，5 次预报中恰有 4 次准确的概率：

$$P_5(4)=C_5^4\times0.8^4\times(1-0.8)^{5-4}$$
$$=5\times0.8^4\times0.2\approx0.41$$

(2) 5 次预报中恰有 4 次准确的概率，就是 5 次预报中恰有 4 次准确的概率与 5 次预报都准确的概率的和，即：

$$P=P_5(4)+P_5(5)$$
$$=C_5^4\times0.8^4\times(1-0.8)^{5-4}+C_5^5\times0.8^5\times(1-0.8)^{5-5}$$
$$=5\times0.8^4\times0.2+0.8^5$$
$$\approx0.410+0.328\approx0.74$$

答：(1) 5 次预报中恰有 4 次准确的概率为 0.41；

(2) 5 次预报中至少有 4 次准确概率约为 0.74.

练习 2-4

1. 某射手射击 1 次，击中目标的概率是 0.9，他射击 4 次，分别写出恰好击中 4 次，3 次，2 次，1 次，0 次的概率的算式.
2. 某人对一目标进行射击，每次命中率都是 0.25，若使至少命中 1 次的概率不小于 0.75，至少应射击几次？
3. 将一枚硬币连掷 5 次，5 次都出现正面的概率是多少？
4. 甲、乙、丙 3 批罐头，每批 100 个，其中各有 1 个是不合格的，从三批罐头中各抽 1 个，计算：

   (1) 3 个中恰有 1 个不合格的概率；

   (2) 3 个中至少有 1 个不合格的概率.
5. 某车间的 5 台机床在 1 小时内需要工人照管的概率都是$\frac{1}{4}$，求 1 小时内 5 台机床中至少 2 台需要工人照管的概率是多少？(结果保留两位有效数字)

2.5　概率的简单应用

概率理论虽是从诸如掷骰子、分赌本之类不入大雅之堂的事情渐渐发展出来的，但它能从随机事件中找出确定的规律性，它的一些理论也有广泛的应用，概率论在教学中能起到激发学生数学学习兴趣的作用，引导学生成为学习的主人. 现在举些简单的概率问题的例子.

【例 2-8】 袋中装有大小均匀分别写有 1,2,3,4,5 五个号码的小球各一个，现从中有放回地任取三个球，求下列事件的概率：

(1) 所取的三个球号码完全不同；

(2) 所取的三个球号码中不含 4 和 5.

解 从五个不同的小球中，有放回地取出三个球，每一个基本事件可视为通过有顺序的三步完成：1. 先取 1 个球，记下号码再放回，有 5 种情况；2. 再从 5 球中任取一个球，记下号码再放回，仍然有 5 种情况；3. 再从 5 个球中任取 1 个球，记下号码再放回，还是有 5 种情况. 因此从 5 个球中有放回地取 3 个球，共有基本事件 $5\times5\times5=125$ 个.

(1) 记三球号码不同为事件 A,这三球的选取仍然为有顺序的三次,第一次取球有 5 种情况,第二,三次依次有 4,3 种情况,则事件 A 含有基本事件的个数 $5\times4\times3=60$ 个,即

$$P(A)=\frac{60}{125}=0.48$$

(2) 记三球号码不含 4 和 5 为事件 B,这时三球的选取还是为有顺序的三次,由于这时前面选的球后面仍然可以选,因此三次选取的方法种数都是 3,则 B 中所含基本事件的个数为 $3\times3\times3=27$ 个,即

$$P(B)=\frac{27}{125}=0.216$$

【例 2-9】 一个各面都涂有色彩的正方体,被锯成同样大小的 27 个小正方体,将这些正方体混合后,从中任取一个小正方体,

求:(1) 有一面涂有色彩的概率;

(2) 有两面涂有色彩的概率;

(3) 有三面涂有色彩的概率.

解 在 27 个小正方体中,一面涂有色彩的有 6 个,两面涂有色彩的有 12 个,三面涂有色彩的有 8 个,

可得:(1) 有一面涂有色彩的概率为 $P_1=\frac{6}{27}=0.22$;

(2) 两面涂有色彩的概率为 $P_2=\frac{12}{27}=0.45$;

(3) 有三面涂有色彩的概率 $P_3=\frac{8}{27}=0.30$.

答:(1) 有一面图有色彩的概率 0.22;

(2) 有两面涂有色彩的概率为 0.45;

(3) 有三面涂有色彩的概率 0.30.

【例 2-10】 将一颗质地均匀的骰子(它是一种各面上分别标有点数 1、2、3、4、5、6 的正方体玩具)先后抛掷 3 次,至少出现一次 6 点向上的概率是多少?

解 质地均匀的骰子先后抛掷 3 次,共有 $6\times6\times6$ 种结果. 3 次均不出现 6 点向上的掷法有 $5\times5\times5$ 种结果. 由于抛掷的每一种结果都是等可能出现的,所以不出现 6 点向上的概率为 $P=\frac{5\times5\times5}{6\times6\times6}=0.58$,故 3 次至少出现一次 6 点向上的概率是 $1-0.58=0.42$.

练习 2-5

1. 已知某种高炮在它控制的区域内击中敌机的概率为 0.2.

(1) 假定有 5 门这种高炮控制某个区域，求敌机进入这个区域后未被击中的概率；

(2) 要使敌机一旦进入这个区域后有 0.9 以上的概率被击中，需至少布置几门高炮？

2. 在某一地区，雨天占$\frac{1}{4}$，同时在前一天下雨的条件下第二天不停的概率是$\frac{2}{3}$，若前一天没有下雨，求在此条件下第二天下雨的概率.

本章小结

一、内容提要

本章的主要内容是随机事件、等可能事件、互斥事件、相互独立事件和独立重复试验的概率.

1. 随机事件的概率

在大量重复进行同一试验时，事件 A 发生的频率$\frac{m}{n}$总是接近于某个常数，并在它附近摆动，这时就把这个常数叫做事件 A 的概率

2. 互斥事件的概率

不可能同时发生的事件叫做互斥事件，如果事件 A，B 互斥，那么 A，B 中有一个发生的概率，等于事件 A，B 分别发生的概率的和：

$$P(A+B)=P(A)+P(B)$$

3. 相互独立事件的概率

如果一个事件是否发生对另一个事件发生的概率没有影响，这样的两个事件叫做相互独立事件.

两个相互独立事件同时发生的概率，等于每个事件发生的概率的积：

$$P(A\cdot B)=P(A)P(B)$$

4. 独立重复试验

如果在1次试验中某事件发生的概率是 P，那么在 n 次独立重复试验中这个事件恰好发生 k 次的概率：

$$P_n(k)=C_n^k P^k(1-P)^{n-k}$$

二、学习要求和需要注意的问题

1. 学习要求

(1) 了解概率论是一门研究偶然现象的规律性的学科，它是研究偶然现象中存在的必然性.

(2) 理解随机事件及其概率的意义，了解随机事件的发生中存在的规律性.

(3) 理解等可能事件及其概率的意义，能够运用排列组合的相关公式计算等可能事件的概率.

(4) 理解互斥事件的意义，能够计算互斥事件的概率.

(5) 理解相互独立事件的意义，能够运用相互独立事件的概率乘法计算相互独立事件的的概率.

(6) 理解在 n 次独立重复试验中事件恰好发生 k 次的概率公式，能够简单运用.

2. 需要注意的问题

(1) 对立事件在简化一些问题的计算及解决中的应用.

(2) 使用公式 $P(A+B)=P(A)+P(B)$ 时，一定要注意 A,B 必须是互斥事件.

复习题 2

1. 判断题.

(1) 先后抛掷均匀硬币三枚，“两次出现正面，一次出现反面”这个事件的概率是 $\frac{1}{4}$. ( )

(2) 在30件产品中，有26件一级品，4个二级品，从中任取3件，其中至少有1件为二级品的概率为 $\frac{22}{87}$. ( )

(3) 甲乙两个射手进行射击，甲击中目标的概率为0.9，乙击中目标的概率为0.85，甲乙两人同时射击，则恰有一个击中目标的概率为0.135. ( )

2. 填空题.

(1) 某一批花生种子,如果每一粒发芽的概率为$\frac{4}{5}$,那么播下 3 粒种子恰有 2 粒发芽的概率是________.

(2) 一个骰子连续投 2 次,点数和为 4 的概率为________.

(3) 明天上午李明要参加奥运志愿者活动,为了准时起床,他用甲、乙两个闹钟叫醒自己,假设甲闹钟准时响的概率是 0.80,乙闹钟准时响的概率是 0.90,则两个闹钟至少有一个准时响的概率是________.

3. 选择题.

(1) 5 个人排成一排,其中某两个人不排在一起的概率是(　　).

A. $\frac{2}{5}$　　B. $\frac{3}{5}$

C. $\frac{1}{10}$　　D. $\frac{9}{10}$

(2) 从甲口袋内摸出 1 个白球的概率是$\frac{1}{3}$,从乙口袋内摸出 1 个白球的概率是$\frac{1}{2}$,从两个袋内各摸出 1 个球,那么$\frac{5}{6}$等于(　　).

A. 2 个球都是白球的概率

B. 2 个球都不是白球的概率

C. 2 个球不都是白球的概率

D. 2 个球中恰好有 1 个是白球的概

(3) 甲、乙、丙三人独立地去破译一个密码,他们能译出的概率分别为$\frac{3}{5}$、$\frac{1}{3}$、$\frac{1}{4}$,则此密码能译出的概率为(　　).

A. $\frac{3}{5}$　　B. $\frac{2}{5}$

C. $\frac{59}{60}$　　D. $\frac{1}{60}$

(4) 如果在一百张有奖储蓄的奖券中,只有一、二、三等奖,其中一等奖 1 个,二等奖 5 个,三等奖 10 个,买一张奖券,则中奖的概率为(　　).

A. 0.10　　B. 0.12

C. 0.16　　D. 0.18

4. 袋中有红球、黄球、白球各 1 个,每次任取一个,有放回地抽取 3 次,则颜色全相同的概率是多少?

5. 把五本不同的书任意放到书架的同一层上，计算其中指定的三本书放在中间的概率.

6. 十个人站成一排，其中甲乙丙三人恰巧站在一起的概率为多少？

7. 10 个灯炮中有 3 个是坏的，随机抽取 4 个，问：

(1) 恰好有 2 个是坏的概率是多少？

(2) 4 个全是好的概率是多少？

8. 某家庭电话在家中有人时，打进的电话响第 1 声时被接听的概率是 0.1，响第 2 声被接听的概率是 0.3，响第 3 声时被接听的概率是 0.4，响第 4 声时被接听的概率是 0.1，那么，电话在响前 4 声时被接听概率是多少？

9. 甲击中目标的概率是 0.5，乙击中目标的概率是 0.4，两人各射击一次，“目标被击中的概率是 0.5＋0.4＝0.9”，这种说法对不对？为什么？

10. 有 5 张卡片，上面分别写有 0,1,2,3,4 中的 1 个数.求：

(1) 从中任取 2 张卡片，2 张卡片上的数字之和等于 4 的概率；

(2) 从中任取 2 次卡片，每次取 1 张.第一次取出卡片，记下数字后放回，再取第二次.两次取出的卡片上的数字之和恰好等于 4 的概率.

趣味阅读

“抽签”的公平性

在生活中，我们有时要用抽签的方法来决定一件事情，例如在 5 张票中有 1 张奖票，5 个人按照排定的顺序从中各抽 1 张以决定谁得到其中的奖票，那么，先抽还是后抽（后抽人不知道先抽人抽出的结果），对各人来说是公平的吗？也就是说，各人抽到的奖票的概率相等吗？

显然，对第 1 个抽票者来说，他从 5 张票中任抽 1 张，得到奖票的概率 $P_1=\frac{1}{5}$.

为了求得第 2 个抽票者抽到奖票的概率，我们把前 2 人抽票的情况作一整体分析，从 5 张票中先后抽出 2 张，可以看成从 5 个元素中抽出 2 个进行排列，它的种数是 A_5^2，而其中第 2 人抽到奖票的情况有 A_4^1 种，因此，第 1 人未抽到奖票，而第 2 人抽到奖票的概率 $P_2=\frac{A_4^1}{A_5^2}=\frac{1}{5}$，通过类似的分析，可知第 3 个抽票者抽到奖票的概率 $P_3=\frac{A_4^2}{A_5^3}=\frac{1}{5}$.

如此下去，我们可求得第 4 个抽票者和第 5 个抽票者抽到奖票的概率也都是$\frac{1}{5}$.

一般地，如果在 n 张票中有 1 张奖票，n 个人依次从中各抽 1 张，且后抽人不知道先抽人抽出的结果，那么第 i 个抽票者（$i=1,2,\cdots,n$）抽到奖票的概率 $P_i=\frac{A_{n-1}^{i-1}}{A_n^2}=\frac{1}{n}$，即每个抽票者抽到奖票的概率都是$\frac{1}{n}$，也就是说，抽到奖票的概率与抽票的顺序无关.

如果在 5 张票中有 2 张奖票，5 个人依次从中各抽 1 张，我们来研究一下各个抽票者抽到奖票的概率.

显然第 1 个抽票者抽到奖票的概率是$\frac{2}{5}$，下面来求第 2 个抽票者抽到奖票的概率，在前 2 个抽票者抽票的所有 A_5^2 种情况中，第 2 个抽票者抽到的奖票的情况有 $A_2^1\cdot A_4^1$ 种，因此，第 2 个抽票者抽到奖票的概率是 $P_2=\frac{A_2^1\cdot A_4^1}{A_5^2}=\frac{2}{5}$

同理，可求得以后各个抽票者抽到奖票的概率也都是$\frac{2}{5}$.

一般地，假定在 n 张票中有 2 人张奖票（$n\geqslant 2$），n 依次从中各抽 1 张，且后抽人不知道先抽人抽出的结果，那么第 i 个抽票者（$i=1,2,\cdots,n$）抽到奖票的概率是

$$P_i=\frac{A_2^1\cdot A_{n-1}^{i-1}}{A_n^i}=\frac{2}{n}$$

这就是说，每人抽到奖票的概率都是$\frac{2}{n}$，与抽票的顺序无关.

通过对上述简单问题的分析，我们看到在抽签时顺序虽然有先有后，但只要不让后抽人知道先抽人抽出的结果，那么各个抽签者中签的概率是相等的，也就是说，并未因为抽签的顺序不同而影响其公平性.

第3章

直线方程与二次曲线

轰鸣的火车从轨道上驶过，留下一道道车痕；“神州九号”载人航天飞船绕地球飞行约200圈；法国的埃菲尔铁塔让游人赞叹不已；河北赵县姣河上的赵州桥更是创造了世界之最，被誉为“华北四宝之一”. 这些都与我们本章的直线与二次曲线知识有关联，让我们一起学习吧！

大约在公元前300年，古希腊数学家就开始了对诸如圆、抛物线、椭圆和双曲线等几何图形的研究，他们是把上述图形作为平面与圆锥面的交线进行研究的，所以圆、抛物线、椭圆和双曲线统称为圆锥曲线.

在本章的学习中，我们将用解析的方法即用数值的和代数的术语来表示几何图形，研究几何图形的性质和应用，并且用代数的方法进行相应的几何运算.

3.1　直线方程

在学习新知识之前,我们先来思考下面的问题,看能不能用已有的知识解决呢?

在铁路的附近,有一大型仓库.现要修建一条公路与之连接起来.那么怎样设计能使公路最短?最短路程又是多少?

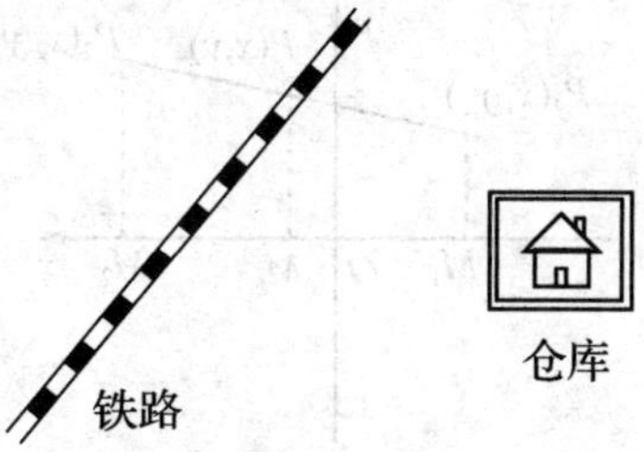

图 3-1

3.1.1　两个重要公式

1. 两点间的距离公式

设 $P_1(x_1,y_1)$、$P_2(x_2,y_2)$是平面内任意两点,如图 3-2 所示,从 P_1、P_2 分别向 x 轴和 y 轴作垂线,垂足分别为 $M_1(x_1,0)$、$N_1(0,y_1)$、$M_2(x_2,0)$、$N_2(0,y_2)$.

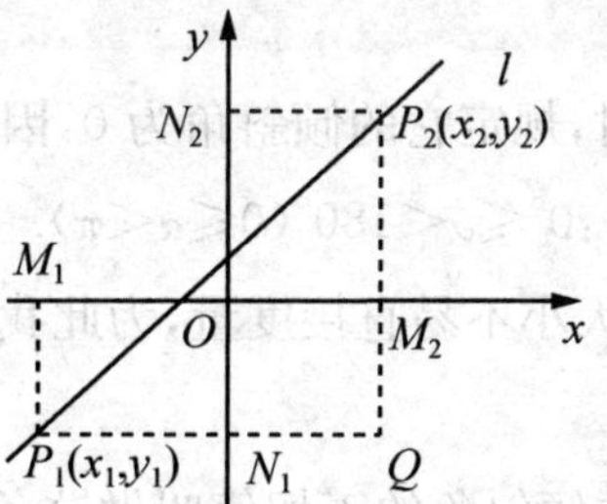

图 3-2

设直线 P_1N_1 和 P_2M_2 的延长线交于点 Q,则在 $\mathrm{Rt}\triangle P_1QP_2$ 中,

$$|P_1P_2|^2=|P_1Q|^2+|QP_2|^2$$

因为

$$|P_1Q|=|M_1M_2|=|x_2-x_1|$$

$$|QP_2|=|N_1N_2|=|y_2-y_1|$$

所以 $|P_1P_2|^2=|x_2-x_1|^2+|y_2-y_1|^2$.

由此得到 $P_1(x_1,y_1)$、$P_2(x_2,y_2)$ 两点间的距离公式：

$$|P_1P_2|=\sqrt{(x_2-x_1)^2+(y_2-y_1)^2}$$

2. 线段中点坐标公式

如图 3-3 所示，设线段 P_1、P_2 的两个端点分别是 $P_1(x_1,y_1)$、$P_2(x_2,y_2)$，点 $P(x,y)$ 为线段的中点，则点 $P_1(x_1,y_1)$ 和 $P_2(x_2,y_2)$ 之间所连线段的中点 P 的坐标为：

$$x=\frac{x_1+x_2}{2},y=\frac{y_1+y_2}{2}$$

上式称为线段 P_1、P_2 的中点坐标公式.

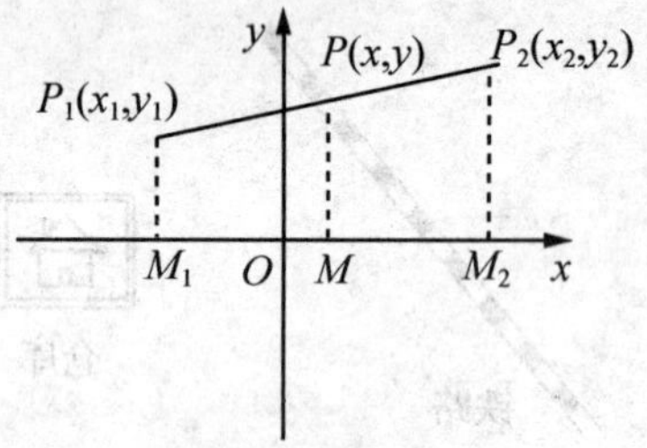

图 3-3

3.1.2 直线的倾斜角和斜率

1. 直线的倾斜角

定义 一条直线 l 向上的方向与 x 轴正方向所成的最小正角称为**直线的倾斜角**，记为 α.

当直线与 x 轴平行或重合时，规定它的倾斜角为 0，因此平面内任意一条直线都能确定唯一的倾斜角 α，α 的取值范围是：$0°\leqslant\alpha<180°(0\leqslant\alpha<\pi)$.

在直角坐标系中，由于 α 的大小不易直接度量，为此我们引入斜率的概念.

2. 直线的斜率

倾斜角不是 90°的直线，它的倾斜角的正切值叫做这条直线的斜率，常用 k 表示，即 $k=\tan\alpha$.

根据直线倾斜角的取值范围，直线的斜率有下面四种情形：

1）当 $\alpha=0°$ 时（直线平行或重合于 x 轴），$k=\tan\alpha=0$；

2）当 α 为锐角时，$k=\tan\alpha>0$；

3）当 α 为钝角时，$k=\tan\alpha<0$；

4）当 $\alpha=90°$ 时（直线垂直于 x 轴），因 $\tan 90°$ 不存在，所以，斜率 k 不存在.

倾斜角不同的直线，其斜率也不同，常用斜率来表示倾斜角不等于 90°的直线对于 x 轴的倾斜程度.

由此可知，两点确定一条直线，如果知道直线上两点的坐标，那么，这条直线的斜率（只要它存在）就可以计算出来.

如图 3-4 所示，设直线 l 上两点 P_1、P_2 的坐标分别是 (x_1, y_1)、(x_2, y_2)，直线的倾斜角 $\alpha \neq 90°$（即 $x_1 \neq x_2$），过两点 P_1、P_2 分别作 x 轴的垂线 P_1M_1、P_2M_2，垂足为 M_1、M_2，然后再作 $P_1Q \perp P_2M_2$，交直线 P_2M_2 于点 Q.

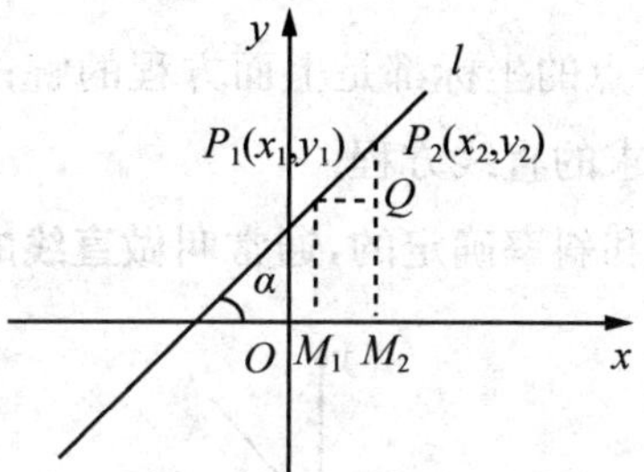

图 3-4

当直线 P_1P_2 的倾斜角 α 为锐角时，有：

$$k = \tan \alpha = \tan \angle P_2P_1Q = \frac{|QP_2|}{|P_1Q|} = \frac{y_2 - y_1}{x_2 - x_1}$$

可以证明，当 α 为钝角时，以上结论也成立.

所以，经过两点 $P_1(x_1, y_1)$、$P_2(x_2, y_2)$ 的直线的斜率公式为：

$$k = \frac{y_2 - y_1}{x_2 - x_1} \quad (x_1 \neq x_2)$$

当 $x_1 = x_2$ 时，直线垂直于 x 轴，这时斜率不存在.

求得斜率 k 后，即可根据 $0° \leqslant \alpha < 180°$ 求出直线的倾斜角.

【例 3-1】 求经过 $A(-3, 0)$、$B(-5, 2)$ 两点的直线的斜率和倾斜角.

解 $$k = \frac{2 - 0}{-5 - (-3)} = -1$$

即 $$\tan \alpha = -1$$

因为 $$0° \leqslant \alpha < 180°$$

所以 $$\alpha = 135°$$

因此，直线的斜率为 -1，倾斜角为 $135°$.

3.1.3　直线方程的几种形式

由于一个点和一个方向可以确定一条直线，下面我们从这一事实出发来建立直线的方程.

1. 直线的点斜式方程

已知直线 l 经过点 $P_0(x_0,y_0)$，且斜率为 k，求直线 l 的方程.

如图 3-5，设点 $P(x,y)$ 是直线 l 上不同于点 $P_0(x_0,y_0)$ 的任意一点，根据直线的斜率公式，得：

$$\frac{y-y_0}{x-x_0}=k$$

即：
$$y-y_0=k(x-x_0)$$

可以证明，直线 l 上的每个点的坐标都是上面方程的解；反之以该方程的解为坐标的点都在直线上. 因此，该方程是所求的直线方程.

这个方程是由直线上一点和斜率确定的，通常叫做**直线的点斜式方程**.

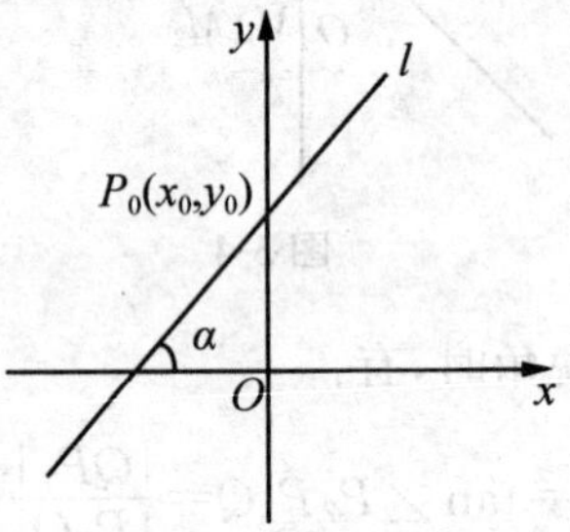

图 3-5

(1) 当直线 l 的倾斜角为 0°时，$\tan 0°=0$，$k=0$，这时直线 l 的方程是 $y=y_0$.

(2) 当直线 l 的倾斜角为 90°时，直线没有斜率，这时，直线 l 与 y 轴平行或重合，它的方程不能用点斜式表示，但是 l 上每一点的横坐标都等于 x_0，所以它的方程为：

$$x=x_0.$$

2. 直线的斜截式方程

若已知直线 l 的斜率是 k，与 y 轴的交点是 $P(0,b)$，代入直线的点斜式方程，得直线的方程为：

$$y-b=k(x-0)$$

即：
$$y=kx+b$$

我们称 b 为直线 l 在 y 轴上的**截距**，简称**纵截距**. 这个方程是由直线 l 的斜率和它在 y 轴上的截距确定的，所以叫**直线的斜截式方程**.

3. 直线的两点式方程

已知直线 l 经过两点 $P_1(x_1,y_1)$、$P_2(x_2,y_2)$ $(x_1\neq x_2)$，求直线 l 的方程.

因为直线 l 经过两点 $P_1(x_1,y_1)$、$P_2(x_2,y_2)$，并且 $x_1\neq x_2$，所以它的斜率为 $k=\frac{y_2-y_1}{x_2-x_1}$，代入点斜式方程，得：

$$y-y_1=\frac{y_2-y_1}{x_2-x_1}(x-x_1)$$

当 $y_2\neq y_1$ 时，方程可以写成：

$$\frac{y-y_1}{y_2-y_1}=\frac{x-x_1}{x_2-x_1}$$

这个方程是由直线 l 上两点确定的，所以叫**直线的两点式方程**.

【例 3-2】 已知直线 l 与 x 轴的交点为 $(a,0)$，与 y 轴的交点为 $(0,b)$，其中 $a\neq 0,b\neq 0$，求直线 l 的方程.

解 因为直线经过 $(a,0)$ 和 $(0,b)$ 两点，代入两点式方程，得：

$$\frac{y-0}{b-0}=\frac{x-a}{0-a}$$

即：

$$\frac{x}{a}+\frac{y}{b}=1$$

如果直线与 x 轴相交于点 $(a,0)$，则称 a 为直线在 x 轴上的截距，以上直线方程是由直线在 x 轴和 y 轴上的截距确定的，所以叫做**直线的截距式方程**.

4. 直线方程的一般形式

前面学习的是直线方程的几种特殊形式，它们都是关于 x、y 的一次方程，下面研究一般的二元一次方程和直线的关系.

关于 x、y 的二元一次方程的一般形式是：

$$Ax+By+C=0$$

其中 A、B 不同时为 0.

1）当 $B\neq 0$ 时，方程可化为：

$$y=-\frac{A}{B}x-\frac{C}{B}$$

这就是直线的斜截式方程，它表示斜率为 $-\frac{A}{B}$，在 y 轴上截距为 $-\frac{C}{B}$ 的直线.

2）当 $B=0$ 时，由于 A、B 不同时为 0，必有 $A\neq 0$，方程可化为：

$$x=-\frac{C}{A}$$

它表示一条与 y 轴平行或重合的直线.

根据以上讨论，得到下面的结论：

在平面直角坐标系中，任何关于 x、y 的二元一次方程都表示一条直线. 把方程：

$$Ax+By+C=0$$

（其中 A、B 不同时为 0）叫做**直线方程的一般式**.

【例 3-3】 求经过点 $P(\sqrt{3},2)$，且倾斜角为 $k=\tan\frac{2\pi}{3}=-\sqrt{3}$ 的直线方程.

解 这条直线的斜率：

$$k=\tan\frac{2\pi}{3}=-\sqrt{3}$$

代入直线的点斜式方程，得：

$$y-2=-\sqrt{3}(x-\sqrt{3})$$

即：

$$\sqrt{3}x+y-5=0$$

【例 3-4】 三角形的三个顶点分别是 $A(-4,0)$、$B(0,3)$、$C(3,-3)$，求这个三角形三边所在的直线方程.

解 直线 AB 过 $A(-4,0)$、$B(0,3)$ 两点，由截距式得：

$$\frac{x}{-4}+\frac{y}{3}=1$$

即：

$$3x-4y+12=0$$

这就是直线 AB 的方程.

直线 BC 过 $B(0,3)$、$C(3,-3)$ 两点，斜率为：

$$k=\frac{-3-3}{3-0}=-2$$

代入斜截式方程，得：

$$y=-2x+3$$

这就是直线 BC 的方程.

直线 AC 过 $A(-4,0)$、$C(3,-3)$ 两点，斜率为：

$$k=\frac{-3-0}{3-(-4)}=-\frac{3}{7}.$$

代入点斜式方程，得：

$$y=-\frac{3}{7}(x+4).$$

这就是直线 AC 的方程.

【例 3-5】 已知直线经过点 $A(6,-4)$，斜率为 $-\frac{4}{3}$，求直线的点斜式、截距式和一般式方程.

解 经过点 $A(6,-4)$，斜率为 $-\frac{4}{3}$ 的直线的点斜式方程为：

$$y+4=-\frac{4}{3}(x-6).$$

化成截距式方程是：

$$\frac{x}{3}+\frac{y}{4}=1.$$

化成一般式方程是：

$$4x+3y-12=0.$$

3.1.4　直线与直线的位置关系

1. 两直线的夹角

同一平面内(不重合)的两条直线,要么相交,要么平行,两直线相交又可分为斜交和垂直两种情形.

如图 3-6 所示,两条直线 l_1,l_2 相交,构成四个角,其中不大于 $90°$ 的角 θ 称为两直线的夹角.

规定:两条直线平行或重合时 $\theta=0°$,因此两直线夹角的取值范围是 $0°\leqslant\theta\leqslant 90°$ $\left(0\leqslant\theta\leqslant\frac{\pi}{2}\right)$.

我们不加证明地给出两直线的夹角公式:

$$\tan\theta=\left|\frac{k_2-k_1}{1+k_1k_2}\right|$$

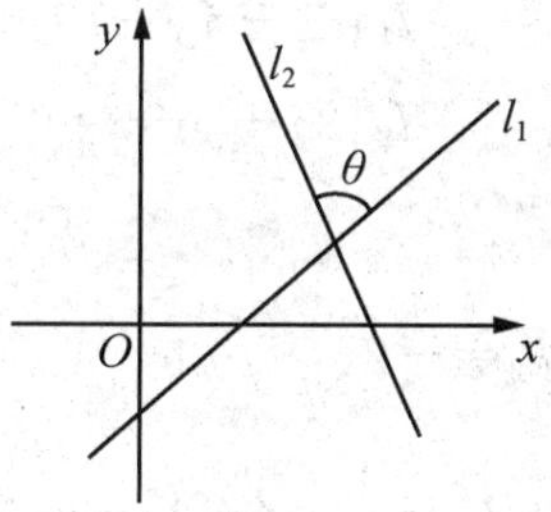

图 3-6

【例 3-6】 已知直线 l_1:$2x-y+3=0$,l_2:$3x+y-2=0$,求直线 l_1 和 l_2 的夹角 θ.

解　由已知条件得,直线 l_1 和 l_2 的斜率分别为:

$$k_1=2,\ k_2=-3,$$

由两直线的夹角公式得:

$$\tan\theta=\left|\frac{-3-2}{1+2\times(-3)}\right|=1;$$

所以

$$\theta=\frac{\pi}{4}.$$

2. 两条直线的平行或垂直

在初中,我们学过平面内两条直线互相平行和垂直的位置关系,现在我们研究怎样通过直线的方程来判断平面内两条直线平行或垂直的关系.

(1) 两条直线平行的充要条件

设两条直线的方程分别是:

$$l_1: y=k_1x+b_1 \qquad l_2: y=k_2x+b_2;$$

则 $l_1 /\!/ l_2 \Leftrightarrow k_1=k_2$ 且 $b_1 \neq b_2$.

(2) 两条直线垂直的充要条件

设直线 $l_1: y=k_1x+b_1$ 与 $l_2: y=k_2x+b_2$ 相交($k_1 \neq k_2$),则:

$$l_1 \perp l_2 \Leftrightarrow k_1k_2=-1$$

【例 3-7】 求过点 $A(-2,4)$ 且平行于直线 $l: x-2y-2=0$ 的直线方程.

解 因为直线 l 的斜率是 $\frac{1}{2}$,所求直线与直线 l 平行,所以它的斜率也是 $\frac{1}{2}$,代入点斜式方程,所求直线的方程是:

$$y-4=\frac{1}{2}(x+2);$$

即:

$$x-2y+10=0.$$

【例 3-8】 已知两条直线

$$l_1: 2x-4y+7=0$$

$$l_2: 2x+y-5=0$$

求证:$l_1 \perp l_2$

证明:l_1 斜率 $k_1=\frac{1}{2}$,l_2 斜率 $k_2=-2$,

$$k_1k_2=\frac{1}{2}\times(-2)=-1,$$

所以 $l_1 \perp l_2$.

3.1.5 点到直线的距离

在平面直角坐标系中,已知点 P 的坐标为(x_0, y_0),直线 l 的方程是 $Ax+By+C=0$,则点 P 到直线 l 的距离公式为:

$$d=\frac{|Ax_0+By_0+C|}{\sqrt{A^2+B^2}}$$

【例 3-9】 求点 $P_0(-1,2)$ 到直线 $l: 2x+y-15=0$ 的距离.

解 由点到直线的距离公式,得:

$$d=\frac{|2\times(-1)+2-15|}{\sqrt{2^2+1^2}}=3\sqrt{5}$$

【例 3-10】 求平行线 $l_1: 3x+4y-6=0$ 和 $l_2: 3x+4y+10=0$ 间的距离.

解 由于 $l_1 /\!/ l_2$,所以 l_1、l_2 中任一直线上的任一点到另一直线的距离都相等.

在 l_1 上取一点 $P(2,0)$,则点 P 到 l_2 的距离:

$$d=\frac{|3\times2+4\times0+10|}{\sqrt{3^2+4^2}}=\frac{16}{5}$$

即为两平行线 l_1、l_2 间的距离.

练习 3-1

1. 求下列两点间的距离：

(1) $\left(-\frac{1}{3},1\right),\left(-8\frac{1}{3},-3\right)$；

(2) $\left(\frac{\sqrt{3}}{2},-\frac{\sqrt{2}}{2}\right),\left(-\frac{\sqrt{2}}{2},-\frac{\sqrt{3}}{2}\right)$.

2. 连接两点 $P_1(2,y)$ 和 $P_2(x,6)$ 的线段的中点坐标是 $P(3,2)$，求 x、y.

3. 根据下列条件，写出直线的方程，并且化成一般式方程：

(1) 倾斜角是 $120°$，经过点 $A(8,-2)$；

(2) 在 x 轴和 y 轴上的截距分别是$\frac{2}{3}$和-3；

(3) 经过两点 $P_1(3,-2)$ 和 $P_2(5,-4)$；

(4) 经过点 $A(3,5)$，斜率是$\sqrt{2}$；

(5) 经过点 $B(2,1)$，且与直线 $l:2x+y-10=0$ 垂直；

(6) 经过点 $C(3,2)$，且与直线 $l:4x+y-2=0$ 平行；

(7) 点 $P(3,4)$，且与直线 $l:5x+2y+3=0$ 的夹角是 $45°$.

4. 已知三角形的三个顶点为 $A(0,4)$、$B(-2,-1)$、$C(3,0)$，求：

(1) 三条边所在直线的斜率和倾斜角；

(2) 三条边所在的直线方程；

(3) AB 边的中线方程；

(4) BC 边上的高所在的直线方程.

5. 求下列各点到直线的距离：

(1) $A(-2,3)$，$3x+4y+3=0$；

(2) $B(1,-2)$，$\sqrt{3}x+y-\sqrt{3}=0$.

3.2 曲线与方程

3.2.1 曲线与方程的关系

一般地,在直角坐标系中,如果某曲线 C(看作适合某种条件的点的集合或轨迹)上的点与一个二元方程 $f(x,y)=0$ 的实数解建立了如下关系:

1) 曲线上点的坐标都是这个方程的解;

2) 以这个方程的解为坐标的点都是曲线上的点.

那么,这个方程叫做**曲线的方程**;这条曲线叫做**方程的曲线**.

由曲线的方程的定义可知,如果曲线 C 的方程是 $f(x,y)=0$,那么点 $P_0(x_0,y_0)$ 在曲线 C 上的充要条件是 $f(x_0,y_0)=0$.

3.2.2 求曲线的方程

下面讨论根据已知条件求曲线的方程.

【例 3-11】 两个定点 A、B 之间距离为 $2r$, 动点 M 与两点 A、B 的连线互相垂直,求动点 M 的轨迹方程.

解 取 A、B 所在直线为 x 轴,线段 AB 的中点为原点,建立直角坐标系,则 A 点坐标为$(-r,0)$,B 点坐标为$(r,0)$.

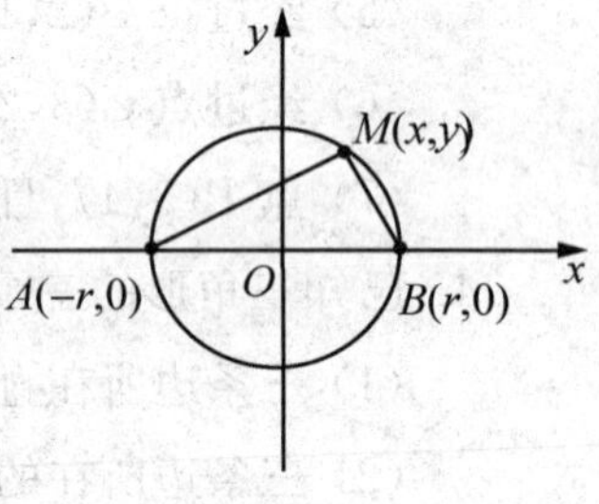

图 3-7

设动点 M 的坐标为(x,y),由题意知,$MA\perp MB$,即$\triangle AMB$ 是直角三角形. 由勾股定理,得

$$|MA|^2+|MB|^2=|AB|^2$$

由两点间的距离公式,得:

$$\sqrt{(x+r)^2+y^2}+\sqrt{(x-r)^2+y^2}=(2r)^2$$

化简得:

$$x^2+y^2=r^2(x\neq\pm r).$$

这就是动点的轨迹方程.

通过上面例子可以看出,由已知条件求曲线的方程的一般步骤如下:

1) 建立适当的直角坐标系,并设 $M(x,y)$为曲线上任意一点(动点);

2) 按题意用等式写出动点所适合的条件;

3) 用动点的坐标 x 与 y 之间的关系式表示上述条件,列出方程 $f(x,y)=0$;

4) 化简方程 $f(x,y)=0$；

5) 证明化简后的方程为曲线的方程.

上述步骤可简单记为："建设现(限)代化". 一般情况下，化简前后方程的解集是相同的，步骤 5 可以省略，如有特殊，可适当说明.

练习 3-2

1. 判定下列各点是否在所给方程的曲线上：

(1) (0,0)，(3,0)：$y=2x^2-3x$；

(2) (2,4)，(−4，−3)：$x^2+y^2=25$.

2. 求适合下列条件的动点的轨迹方程：

(1) 到原点的距离等于 4；

(2) 与两定点 $A(3,1)$、$B(-1,5)$ 距离相等；

(3) 与直线 $y+4=0$ 的距离等于 6.

3.3　圆锥曲线

设济南-莱芜的高速路上隧道的截面是半径为 4 m 的半圆(如图 3-8 所示)，车辆只能在道路中心线一侧行驶，一辆宽为 2.7 m，高为 3 m 的货车能不能驶入这个隧道呢？让我们带着疑问一起来学习有关圆的知识，然后来解决这个问题吧！

图 3-8

3.3.1　圆的标准方程

我们知道，平面内与定点距离等于定长的点的集合(轨迹)是圆，定点是圆心，定长是半径.

由圆的定义，求圆心是 $C(a,b)$，半径是 r 的圆的方程，如图 3-9 所示，设 $M(x,y)$ 是圆上任意一点，由已知条件得：

$$|MC|=r.$$

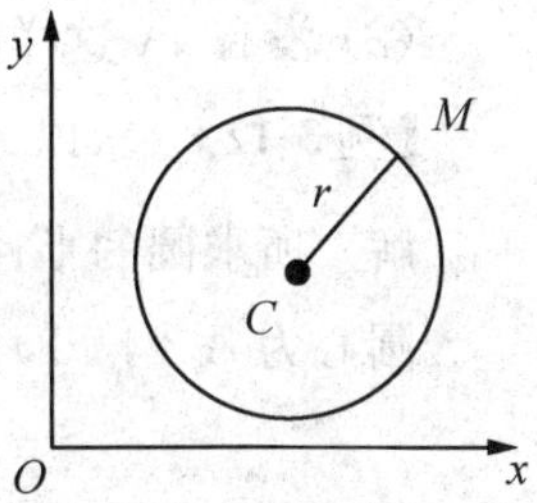

图 3-9

由两点间的距离公式得：

$$\sqrt{(x-a)^2+(y-b)^2}=r.$$

两边平方，得：

$$(x-a)^2+(y-b)^2=r^2. \quad (3\text{-}1)$$

上式就是圆心在点 $C(a,b)$，半径为 r 的圆的方程，叫做**圆的标准方程**.

特别地，当 $a=b=0$，即圆心在原点，以 r 为半径的圆的方程为：

$$x^2+y^2=r^2.$$

把式(3-1)展开，得：

$$x^2+y^2-2ax-2by+(a^2+b^2-r^2)=0;$$

设 $D=-2a, E=-2b, F=a^2+b^2-r^2$，代入上式，得：

$$x^2+y^2+Dx+Ey+F=0 \quad (3\text{-}2)$$

可见，任何一个圆的方程都可以表示成上述形式.

反过来，我们研究形如式(3-2)的方程的曲线是否均为圆.

为此，将式(3-2)的左边配方，得：

$$\left(x+\frac{D}{2}\right)^2+\left(y+\frac{E}{2}\right)^2=\frac{D^2+E^2-4F}{4}$$

1) 当 $\frac{D^2+E^2-4F}{4}>0$ 时，式(3-2)表示以 $\left(-\frac{D}{2},-\frac{E}{2}\right)$ 为圆心，以 $\frac{1}{2}\sqrt{D^2+E^2-4F}$ 为半径的圆；

2) 当 $\frac{D^2+E^2-4F}{4}=0$ 时，方程只有实数解 $x=-\frac{D}{2}, y=-\frac{E}{2}$，所以表示一个点 $\left(-\frac{D}{2},-\frac{E}{2}\right)$（也可以看作半径为 0 的“圆”，有时也称它为点圆）；

3) 当 $\frac{D^2+E^2-4F}{4}<0$ 时，方程没有实数解，因而它不表示任何曲线（有时也称它为虚圆）.

方程(3-1)是**圆的标准方程**；方程(3-2)当 $\frac{D^2+E^2-4F}{4}>0$ 时叫做**圆的一般方程**. 标准方程的优点在于它明确地指出了圆心和半径，而一般方程则突出了方程形式上的特点：

(1) x^2 和 y^2 的系数相等；

(2) 没有 xy 这样的二次项.

【例 3-12】 求以 $A(8,-3)$ 为圆心，并过点 $B(5,1)$ 的圆的方程.

解 所求圆的半径 $r=|AB|=\sqrt{(5-8)^2+(1+3)^2}=5$，

圆心为 $A(8,-3)$，所以圆的标准方程为：

$$(x-8)^2+(y+3)^2=25$$

【例 3-13】 判定方程 $2x^2+2y^2+2x-2y-7=0$ 所表示的曲线形状.

解 方程两边同除以 2，得：

$$x^2+y^2+x-y-\frac{7}{2}=0$$

与式(3-2)比较，可知：

$$D=1,E=-1,F=-\frac{7}{2}$$

$$-\frac{D}{2}=-\frac{1}{2},-\frac{E}{2}=\frac{1}{2},$$

$$\frac{1}{2}\sqrt{D^2+E^2-4F}=2>0$$

因此，原方程表示一个圆，圆心为$\left(-\frac{1}{2},\frac{1}{2}\right)$，半径为 2.

【例 3-14】 求过三点 $O(0,0)$、$A(1,1)$、$B(4,2)$的圆的方程，并求圆的半径和圆心的坐标.

解 设所求圆的方程为 $x^2+y^2+Dx+Ey+F=0$，

因为点 O、A、B 在圆上，把它们的坐标代入方程中得：

$$\begin{cases}F=0\\D+E+F+2=0\\4D+2E+F+20=0\end{cases}.$$

解这个方程组得 $D=-8,E=6,F=0$，于是得到所求圆的方程

$$x^2+y^2-8x+6y=0.$$

所求圆的半径 $r=\frac{1}{2}\sqrt{D^2+E^2-4F}=5$，圆心坐标为$(4,-3)$.

像这样先设方程，然后根据已知条件来确定未知系数的方法叫做**待定系数法**.

3.3.2 椭圆

1997 年初，中国科学院紫金山天文台发布了一条消息，从 1997 年 2 月中旬起，海尔·波普彗星将逐渐接近地球，过 4 月以后，又将渐渐离去，并预测 3000 年后，它还将光临地球上空. 1997 年 2 月至 3 月间，许多人目睹了这一天文现象. 天文学家是如何计算出彗星出现的准确时间呢？原来，海尔·波普彗星运行的轨道是一个椭圆，通过观察它运行中的一些有关数据，可以推算出它的运行轨道的方程，从而算出它运行周期及轨道的的周长.

同学们，你们知道椭圆是什么样的吗？在现实生活中能找到它的影子吗？想想看，能举出哪些例子呢？

1. 椭圆的定义和标准方程

把平面内与两个定点 F_1、F_2 的距离的和等于常数(大于$|F_1F_2|$)的点的轨迹叫做椭圆.

两个定点 F_1、F_2 叫做椭圆的焦点，两焦点间的距离叫做椭圆的焦距.

如图 3-10 所示，取过点 F_1、F_2 的直线为 x 轴，线段 F_1、F_2 的垂直平分线为 y 轴，建立直角坐标系 Oxy.

设 $M(x,y)$ 是椭圆上任意一点，椭圆的焦距为 $2c$，则焦点的坐标分别是 $(-c,0)$，$(c,0)$，又设点 M 与 F_1、F_2 距离的和为常数 $2a$，根据椭圆的定义，得：

$$|MF_1|+|MF_2|=2a.$$

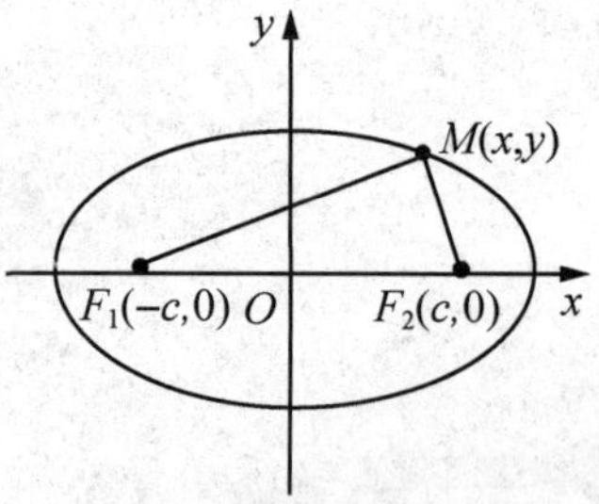

图 3-10

由两点间的距离公式，得：

$$\sqrt{(x+c)^2+y^2}+\sqrt{(x-c)^2+y^2}=2a.$$

移项，两边平方，整理，得：

$$(a^2-c^2)x^2+a^2y^2=a^2(a^2-c^2).$$

因为在 $\triangle MF_1F_2$ 中，$|MF_1|+|MF_2|>|F_1F_2|$，所以：

$$2a>2c,\ a>c,\ a^2-c^2>0.$$

令 $a^2-c^2=b^2$ 代入上式，得：

$$b^2x^2+a^2y^2=a^2b^2.$$

两边同除以 a^2b^2，得：

$$\frac{x^2}{a^2}+\frac{y^2}{b^2}=1(a>b>0).$$

这个方程叫做**椭圆的标准方程**，它表示的椭圆的焦点在 x 轴上，焦点坐标是 $F_1(-c,0)$ 和 $F_2(c,0)$，这里 $c^2=a^2-b^2$.

如果椭圆的焦点在 y 轴上，焦点是 $F_1(0,-c)$ 和 $F_2(0,c)$，所得方程变为：

$$\frac{x^2}{b^2}+\frac{y^2}{a^2}=1(a>b>0).$$

【例 3-15】 求满足下列条件的椭圆的标准方程：

(1) 两个焦点的坐标分别是 $(-4,0)$ 和 $(4,0)$，椭圆上一点到两焦点距离的和等于 10；

(2) 两个焦点的坐标分别是 $(0,-2)$ 和 $(0,2)$，并且椭圆经过点 $\left(-\frac{3}{2},\frac{5}{2}\right)$.

解 (1) 因为椭圆的焦点在 x 轴上，所以设它的标准方程为：

$$\frac{x^2}{a^2}+\frac{y^2}{b^2}=1(a>b>0).$$

因为 $2a=10$，$2c=8$，所以 $a=5$，$c=4$，因此：

$$b^2=a^2-c^2=5^2-4^2=9.$$

所以所求椭圆的标准方程为：

$$\frac{x^2}{25}+\frac{y^2}{9}=1.$$

(2) 因为椭圆的焦点在 y 轴上，所以设它的标准方程为：

$$\frac{x^2}{b^2}+\frac{y^2}{a^2}=1(a>b>0).$$

由椭圆的定义知：

$$\begin{aligned}2a&=\sqrt{\left(-\frac{3}{2}\right)^2+\left(\frac{5}{2}+2\right)^2}+\sqrt{\left(-\frac{3}{2}\right)^2+\left(\frac{5}{2}-2\right)^2}\\&=\frac{3}{2}\sqrt{10}+\frac{1}{2}\sqrt{10}\\&=2\sqrt{10}\end{aligned}$$

即 $$a=\sqrt{10}$$

所以： $$b^2=a^2-c^2=10-4=6.$$

因此，所求椭圆的标准方程为：

$$\frac{x^2}{6}+\frac{y^2}{10}=1.$$

2. 椭圆的性质和图象

在解析几何里，是利用曲线的方程来研究曲线的几何性质的，即，通过对曲线方程的讨论，得到曲线的形状、大小和位置. 下面我们利用椭圆的标准方程：

$$\frac{x^2}{a^2}+\frac{y^2}{b^2}=1(a>b>0).$$

来研究椭圆的几何性质.

(1) 对称性

在椭圆的标准方程里，以 $-x$ 代 x，或 $-y$ 代 y，或以 $-x$，$-y$ 分别代 x，y，方程都不变，所以椭圆关于 y 轴、x 轴和原点都对称. 这时坐标轴是椭圆的对称轴，原点是椭圆的对称中心. 椭圆的对称中心叫做**椭圆的中心**.

(2) 范围

由标准方程可知，椭圆上任意一点的坐标都适合不等式.

$$\begin{cases}\dfrac{x^2}{a^2}\leqslant 1\\ \dfrac{y^2}{b^2}\leqslant 1\end{cases},\Rightarrow\begin{cases}|x|\leqslant a\\ |y|\leqslant b\end{cases}.$$

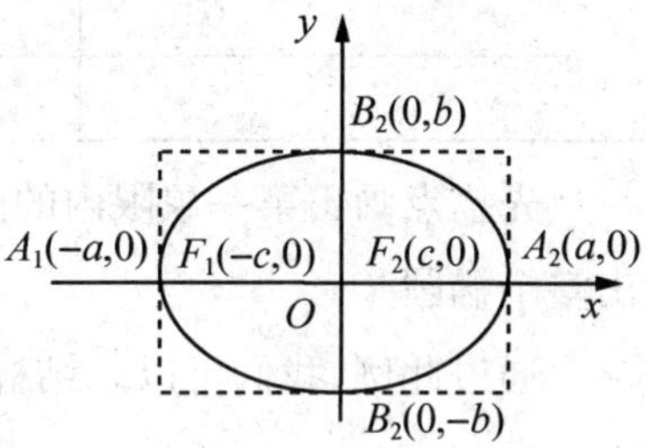

图 3-11

这说明椭圆位于直线 $x=\pm a$ 和 $y=\pm b$ 和所围成的矩形里(如图 3-11).

(3) 顶点

研究曲线上某些特殊点的位置，可以确定曲线的位置. 要确定曲线在坐标系中的位置，常常需要求出曲线与 x 轴、y 轴的交点坐标.

在椭圆的标准方程中,令 $x=0$,得 $y=\pm b$,即 $B_1(0,-b)$,$B_2(0,b)$是椭圆与 y 轴的两个交点. 同理令 $y=0$,得 $x=\pm a$,即 $A_1(-a,0)$,$A_2(a,0)$是椭圆与 x 轴的两个交点.

椭圆和对称轴的四个交点,叫做椭圆的顶点. 线段 A_1A_2、B_1B_2 分别叫做椭圆的**长轴**和**短轴**,它们的长分别等于 $2a$ 和 $2b$,a 和 b 分别叫做椭圆的**长半轴长**和**短半轴长**.

(4) 离心率

椭圆的形状有的较扁,有的较圆,如何描述它扁平的程度呢? 由椭圆的定义不难看出,如果把长轴和短轴按同一比例放大或缩小,所得的椭圆的形状是相同的,所以椭圆的扁平程度,决定于焦距与长轴的比值,这个比值叫做椭圆的离心率,通常用 e 表示,即:

$$e=\frac{c}{a}$$

【例 3-16】 求椭圆 $16x^2+25y^2=400$ 的长轴和短轴的长、离心率、顶点和焦点坐标,并画出它的图形.

解 将已知方程化为标准方程:

$$\frac{x^2}{5^2}+\frac{y^2}{4^2}=1,$$

所以 $a=5,b=4,c=\sqrt{a^2-b^2}=\sqrt{25-16}=3$.

因此,椭圆的长轴长和短轴长分别是 $2a=10,2b=8$,离心率 $e=\frac{c}{a}=\frac{3}{5}$,两个焦点的坐标分别是 $F_1(-3,0)$和 $F_2(3,0)$,四个顶点分别是 $A_1(-5,0)$,$A_2(5,0)$,$B_1(0,-4)$,$B_2(0,4)$. 将已知方程变形为 $y=\frac{4}{5}\sqrt{25-x^2}$,根据 $y=\pm\frac{4}{5}\sqrt{25-x^2}$,计算出第一象限内几个点的坐标,列表如下:

表 3-1

x	0	1	2	3	4	5
y	4	3.9	3.7	3.2	2.4	0

先描点画出第一象限内的图形,再利用椭圆的对称性就画出整个椭圆.

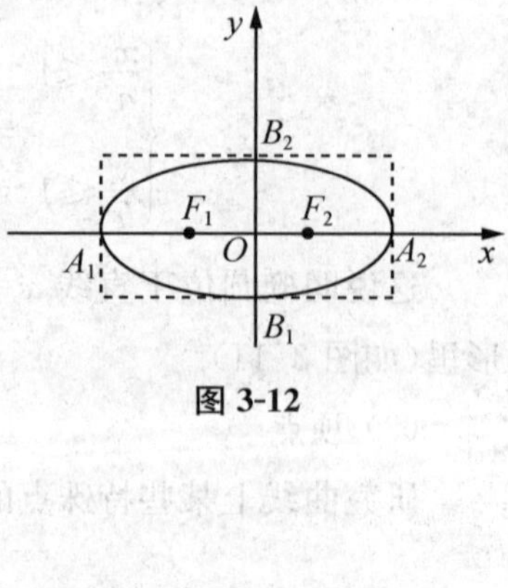

图 3-12

通过此例,我们可以总结椭圆的画法步骤如下(焦点在轴上).

(1) 将方程化为:

$\frac{x^2}{a^2}+\frac{y^2}{b^2}=1(a>b>0)$的标准形式;

(2) 作出由直线 $x=\pm a$ 和 $y=\pm b$ 所围成的矩形;

(3) 由 $y=\pm\dfrac{b}{a}\sqrt{a^2-x^2}$，用描点法先作出椭圆在第一象限内的部分；

(4) 利用椭圆的对称性画出椭圆.

3.3.3 双曲线

图 3-13

观察上面的图片，你觉得这些建筑漂亮吗？你知道它们是根据怎样的曲线设计的吗？想了解的话，那就一起来探索一下吧！

1. 双曲线的定义和标准方程

定义 2　平面内与两个定点 F_1、F_2 的距离的差的绝对值等于常数（小于 $|F_1F_2|$ 且不等于零）的点的轨迹叫做**双曲线**，这两个定点 F_1、F_2 叫做**双曲线的焦点**，两焦点间的距离叫做**双曲线的焦距**.

以过两焦点 F_1、F_2 的直线为 x 轴，线段 F_1F_2 的中点为原点，建立直角坐标系，（如图 3-14），设两焦点间距离为 $2c(c>0)$，那么焦点的坐标分别是 $F_1(-c,0)$ 和 $F_2(c,0)$.

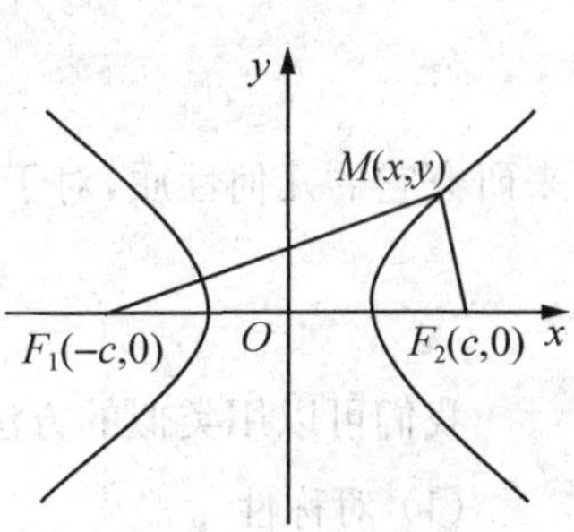

图 3-14

设 $M(x,y)$ 为双曲线上任意一点，它到两焦点的距离之差的绝对值等于 $2a$，那么根据双曲线的定义，得：

$$||MF_1|-|MF_2||=2a$$

由两点间的距离公式化简得：

$$(c^2-a^2)x^2-a^2y^2=a^2(c^2-a^2)$$

因为在 $\triangle MF_1F_2$ 中，$||MF_1|-|MF_2||<|F_1F_2|$，所以，

$$2a<2c\Rightarrow a<c\Rightarrow c^2-a^2>0$$

令 $c^2-a^2=b^2$，代入上式得：

$$b^2x^2-a^2y^2=a^2b^2$$

两边同除以 a^2b^2，得：

$$\frac{x^2}{a^2}-\frac{y^2}{b^2}=1(a>0,b>0)$$

这个方程叫做**双曲线的标准方程**，它表示的双曲线的焦点在 x 轴上，焦点坐标为 $F_1(-c,0)$ 和 $F_2(c,0)$，这里 $c^2=a^2+b^2$.

用类似的方法可得焦点在 y 轴上的方程为：

$$\frac{y^2}{a^2}-\frac{x^2}{b^2}=1.$$

【例 3-17】 已知双曲线的焦点坐标为 $F_1(-5,0)$，$F_2(5,0)$，双曲线上一点 M 到 F_1、F_2 的距离的差的绝对值等于 6，求双曲线的标准方程.

解 因为双曲线的焦点在 x 轴上，所以设它的标准方程为：

$$\frac{x^2}{a^2}-\frac{y^2}{b^2}=1(a>0,b>0).$$

因为 $$2a=6,2c=10$$

所以 $$a=3,c=5$$

所以 $$b^2=5^2-3^2=16.$$

因此双曲线的标准方程为：

$$\frac{x^2}{9}-\frac{y^2}{16}=1.$$

2. 双曲线的性质和图象

我们只对中心在原点，焦点在 x 轴上的双曲线

$$\frac{x^2}{a^2}-\frac{y^2}{b^2}=1$$

来研究它的几何性质，对于焦点在 y 轴上的双曲线

$$\frac{y^2}{a^2}-\frac{x^2}{b^2}=1$$

我们可以用类似的方法来讨论.

(1) 对称性

双曲线关于每一个坐标轴和原点都是对称的，坐标轴是双曲线的对称轴，原点是双曲线的对称中心，双曲线的对称中心叫做双曲线的**中心**.

(2) 范围

由双曲线的标准方程 $\frac{x^2}{a^2}-\frac{y^2}{b^2}=1$ 可知，$\frac{x^2}{a^2}=1+\frac{y^2}{b^2}\geqslant 1$，即双曲线上点的坐标都适合不等式 $\frac{x^2}{a^2}\geqslant 1$，即 $x^2\geqslant a^2$，得 $x\leqslant -a$ 或 $x\geqslant a$. 可见，双曲线在两条直线 $x=-a$，$x=a$ 的外侧.

(3) 顶点

在双曲线的标准方程里，令 $y=0$，得 $x=\pm a$. 因此双曲线和 x 轴有两个交点 $A_1(-a,0)$，$A_2(a,0)$. 它们叫做双曲线的**顶点**. 令 $x=0$，得 $y^2+b^2=0$，方程无实根，说明双曲线和 y 轴无交点，这时我们在 y 轴上取点 $B_1(0,-b)$ 和 $B_2(0,b)$.

线段 A_1A_2 叫做双曲线的**实轴**，它的长为 $2a$，a 叫做双曲线的**实半轴长**，线段 B_1B_2 叫做双曲线的**虚轴**，它的长为 $2b$，b 叫做双曲线的**虚半轴长**.

(4) 渐近线

过 A_1、A_2 和 B_1、B_2 分别作直线 $x=\pm a$ 和 $y=\pm b$ 的平行线，四条直线所围矩形的两条对角线方程是 $y=\pm\frac{b}{a}x$，由图 3-15 可知，双曲线的各支向外延伸时，与直线 $y=\pm\frac{b}{a}x$ 无限接近但不相交.

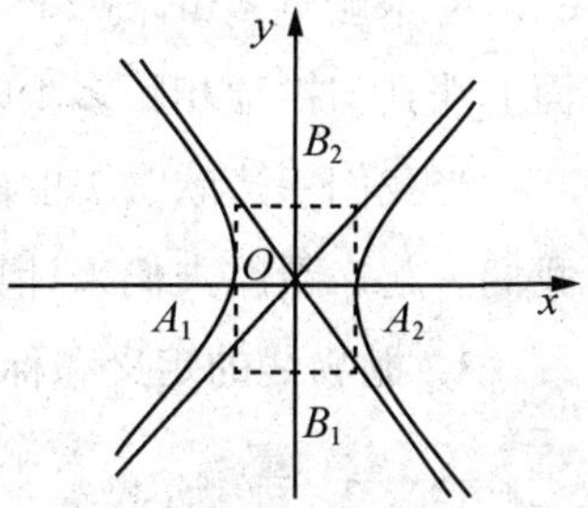

图 3-15

我们把直线 $y=\pm\frac{b}{a}x$ 叫做双曲线的**渐近线**.

(5) 离心率

离心率是描述双曲线开口大小的一个量：双曲线的焦距与实轴的长的比 $e=\frac{c}{a}$，叫做双曲线的**离心率**，因为 $c>a$，所以双曲线的离心率 $e>1$.

【例 3-18】 求双曲线 $9y^2-16x^2=144$ 的实半轴长和虚半轴长、焦点坐标、离心率、渐近线方程.

解 把方程化简为标准方程为：

$$\frac{y^2}{4^2}-\frac{x^2}{3^2}=1$$

由此可知，实半轴长 $a=4$，虚半轴长 $b=3$，故：

$$c=\sqrt{a^2+b^2}=\sqrt{4^2+3^2}=5.$$

焦点在 y 轴上，焦点坐标为 $F_1(0,-5)$，$F_2(0,5)$.

离心率

$$e=\frac{c}{a}=\frac{5}{4}$$

渐近线方程为 $x=\pm\frac{3}{4}y$，即 $y=\pm\frac{4}{3}x$.

在双曲线的方程中：

$$\frac{x^2}{a^2}-\frac{y^2}{b^2}=1$$

如果 $a=b$，那么：

$$x^2-y^2=a^2$$

它的实轴和虚轴的长都等于 $2a$，渐近线方程为 $y=\pm x$，实轴和虚轴等长的双曲线叫做等轴双曲线.

3.3.4 抛物线

姣河上有座抛物线形拱桥赵州桥，当水面距拱顶 5 m 时，水面宽为 8 m，一木船宽 4 m，高 2 m，载货后木船露在水面上的部分为 34 m，问水面上涨到与拱顶相距多少时，木船开始不能通航？

图 3-16

当我们一边欣赏美丽的赵州桥时，你是否思考过这样的问题呢？请我们一起来帮船夫们来计算一下吧！

1. 抛物线的定义和标准方程

定义 3 平面内与一个定点 F 和一条定直线 l 的距离相等的点的轨迹叫做**抛物线**，定点 F 叫做抛物线的焦点，定直线 l 叫做抛物线的**准线**.

如图 3-17 所示，取过点 F 且垂直于 l 的直线为 x 轴，垂足为 H，线段 HF 的中点为原点，建立直角坐标系.

设 $|HF|=p(p>0)$，那么焦点 F 的坐标为 $\left(\frac{p}{2},0\right)$，准线 l 的方程为 $x=-\frac{p}{2}$.

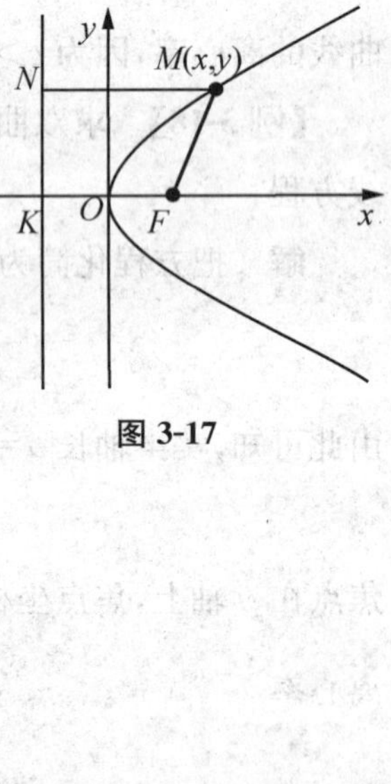

图 3-17

设 $M(x,y)$ 是抛物线上任意一点，作 $MN\perp l$，垂足为 N，则 N 点的坐标为 $\left(-\frac{p}{2},y\right)$，由抛物线的定义知：

$$|MF|=|MN|.$$

由两点间的距离公式得：

$$\sqrt{\left(x-\frac{p}{2}\right)^2+y^2}=\sqrt{\left(x+\frac{p}{2}\right)^2}.$$

化简得：

$$y^2=2px, p>0.$$

这个方程叫做焦点在 x 轴正半轴上的**抛物线的标准方程**，其焦点坐标是 $F\left(\frac{p}{2},0\right)$，准线方程是 $x=-\frac{p}{2}$.

类似地，若把抛物线的焦点选在 x 轴的负半轴、y 轴的正半轴或 y 轴的负半轴上，还可得出如下三种形式的标准方程：

$y^2=-2px(p>0)$，$x^2=2py(p>0)$，$x^2=-2py(p>0)$.

这四种抛物线的标准方程、焦点坐标、准线方程以及图形请同学们试着做一下吧！

【例 3-19】 已知抛物线的焦点坐标是 $F(0,2)$，求它的标准方程.

解 因为焦点在 y 轴的负半轴上，并且 $-\frac{p}{2}=-2$，则 $p=4$，所以所求抛物线的标准方程是 $x^2=-8y$.

2. 抛物线的性质和图象

我们根据抛物线的标准方程：

$$y^2=2px, p>0$$

来研究它的几何性质.

(1) 对称性

以 $-y$ 代 y，方程不变，所以这条抛物线关于 x 轴对称，我们把抛物线的对称轴叫做抛物线的**轴**.

(2) 范围

由 $y^2=2px, p>0$ 可知，抛物线上点的坐标满足不等式 $x\geqslant 0$. 所以抛物线在 y 轴右侧(即开口向右). 当 x 的值增大时，$|y|$ 也增大，说明抛物线向右上方和右下方无限延伸，

(3) 顶点

抛物线和它的轴的交点叫做抛物线的**顶点**. 在式中，当 $y=0$ 时，$x=0$. 故抛物线的顶点就是坐标原点.

(4) 离心率

抛物线上的点 M 到焦点的距离和它到准线的距离的比，叫做抛物线的离心率，用 e 表示，由抛物线的定义可知，$e=1$.

类似地，可以知道，抛物线其他标准方程的性质.

【例 3-20】 求抛物线 $y^2=10x$ 的焦点坐标和准线方程，并画出它的图形.

解 因为 $y^2=10x$，$p=5$，所以它的焦点为 $F(2.5,0)$，准线方程为 $x=-2.5$.

将方程 $y^2=10x$ 变形为 $y=\pm\sqrt{10x}$，计算抛物线在第一象限内的几个点的坐标，列表如下：

表 3-2

x	0	2.5	5	10	…
y	0	5	7.1	10	…

描点画出抛物线在第一象限的部分，再利用抛物线的对称性，画出抛物线的另一部分（如图 3-18）.

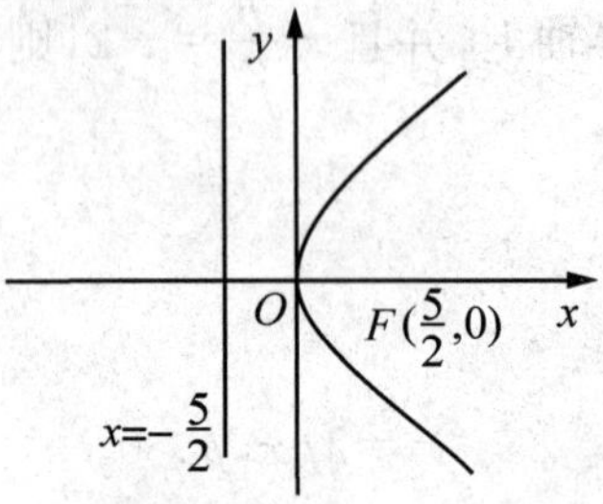

图 3-18

练习 3-3

1. 求以 $C(1,3)$ 为圆心，并与直线 $3x-4y-7=0$ 相切的圆的方程.
2. 求经过点 $A(5,2)$、$B(-3,0)$ 两点，圆心在 y 轴上的圆的方程，并求这个圆的圆心和半径.
3. 求圆 $2x^2+2y^2-3y-2=0$ 的圆心坐标和半径.
4. 求下列各椭圆的长轴和短轴的长、离心率、焦点和顶点坐标.

(1) $\frac{x^2}{25}+\frac{y^2}{9}=1$；　　(2) $x^2+4y^2=16$；

(3) $2x^2+y^2=1$；　　(4) $9x^2=225-25y^2$.

5. 求适合下列条件的椭圆的标准方程：

(1) 一个焦点为 $F_1(-\sqrt{5},0)$，且长轴与短轴之和为 10；

(2) $a=6,e=\frac{1}{3}$，焦点在 x 轴上.

6. 求下列双曲线的实轴与虚轴的长、顶点与焦点坐标、离心率和渐近线方程.

(1) $25x^2-4y^2=100$；　　(2) $9y^2-x^2=81$；

(3) $x^2-y^2=-4$；　　(4) $\frac{x^2}{18}-\frac{y^2}{144}=1$.

7. 求适合下列条件的双曲线的标准方程：

(1) 实轴长为 6，虚轴长为 8；

(2) 渐近线为 $y=\pm\frac{3}{5}x$，焦点坐标为 $(\pm 2,0)$；

(3) $a=2\sqrt{5}$，经过点 $A(-5,2)$，焦点在 x 轴上.

8. 求适合下列条件的抛物线的标准方程：

(1) 关于 x 轴对称，顶点在原点，并且经过点 $(-2,4)$；

(2) 顶点在原点，准线为 $x=4$；

(3) 焦点为 $(0,-2)$，准线为 $y=2$.

9. 有等腰三角形，它的高等于 5 个单位，底是点 $(-4,0)$ 和点 $(4,0)$ 间的线段，求其外接圆的方程.

10. 一直线经过椭圆 $9x^2+25y^2=225$ 的左焦点和圆 $x^2+y^2-2y-3=0$ 的圆心，求该直线的方程.

11. 已知双曲线的虚轴长为 12，焦距为实轴长的 2 倍，求双曲线的标准方程.

12. 一条隧道的顶部是抛物拱形，拱高是 1.1 m，跨度是 2.2 m，求拱形抛物线的方程.

3.4 圆、椭圆、双曲线和抛物线的应用

圆、椭圆、双曲线和抛物线的方程在桥梁的建造、模具的制造、人造地球卫星轨道和探照灯反射镜等方面有着广泛的应用.

【例 3-21】 如图 3-19 所示是某圆拱桥一孔的示意图，该圆拱跨度 $AB=20$ m，拱高 $OP=4$ m，在建造时每隔 4 m 需用一支柱支撑，求支柱 A_2P_2 的长度（精确到 0.01 m）.

解 建立坐标系如图 3-19 所示，圆心在 y 轴上，设圆心的坐标是 $(0,b)$，圆的半径为 r，那么圆的方程为：

$$x^2+(y-b)^2=r^2$$

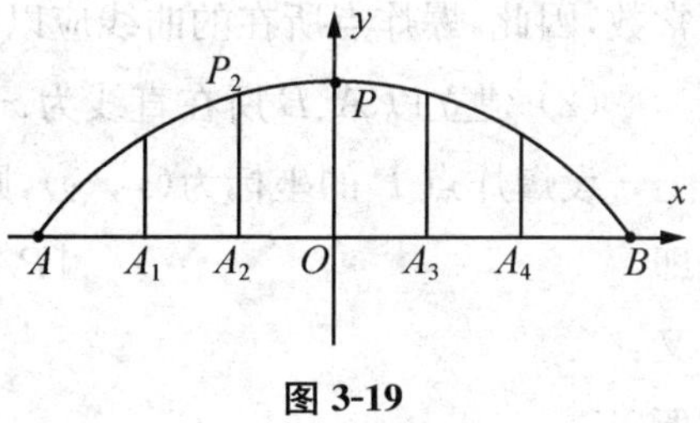

图 3-19

因为点 P、B 在圆上，所以他们的坐标都满足方程.

于是得方程组：

$$\begin{cases}0^2+(4-b)^2=r^2\\10+(0-b)^2=r^2\end{cases}$$

解得 $b=-10.5, r=14.5.$

所以这个圆的方程是：

$$x^2+(y+10.5)^2=14.5^2.$$

把点 P_2 的横坐标 $x=-2$ 代入上式，得 $(-2)^2+(y+10.5)^2=14.5^2$.

即：$y=\sqrt{14.5^2-(-2)^2}-10.5\approx14.36-10.5=3.86.$

于是，所求支柱 A_2P_2 长度为 3.86 m.

【例 3-22】 我国发射的第一颗人造地球卫星的运行轨道，是以地心（地球中心）F_2 为一个焦点的椭圆，已知它的近地点 A 距地面 439 km，远地点 B 距地面 2384 km，并且 F_2、A、B 在同一直线上，地球半径约为 6371 km，求卫星运行的轨道方程（精确到 1 km）.

解 如图 3-20 所示，建立直角坐标系，使 A、B、F_2 在 x 轴上，F_2 为椭圆的右焦点. 设椭圆的标准方程为：

$$\frac{x^2}{a^2}+\frac{y^2}{b^2}=1(a>b>0);$$

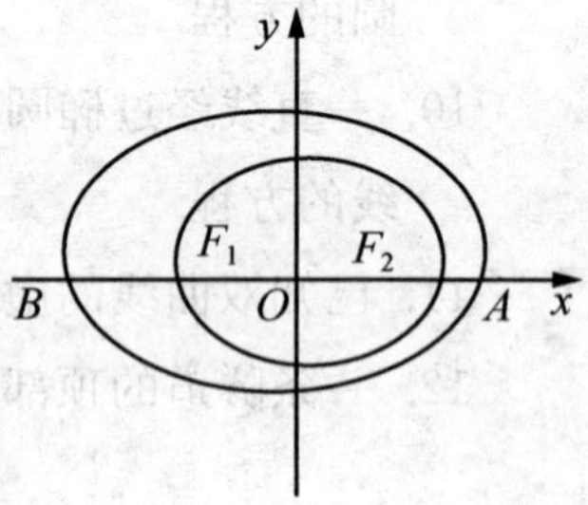

图 3-20

则：

$$a-c=|OA|-|OF_2|=|F_2A|=6371+439=6810$$

$$a+c=|OB|+|OF_2|=|F_2B|=6371+2384=8755.$$

解得： $a=7782.5, c=972.5$

所以： $b=\sqrt{a^2-c^2}=\sqrt{(a-c)(a+c)}=\sqrt{8755\times 6810}$

用计算器求得： $b\approx 7722.$

因此，卫星的轨道方程是：

$$\frac{x^2}{7783^2}+\frac{y^2}{7722^2}=1.$$

【例 3-23】 一炮弹在某处爆炸，在 A 处听到爆炸声的时间比在 B 处晚 2 s.

(1) 爆炸点应在怎样的曲线上？

(2) 已知 A、B 两地相距 800 m，且此时声速为 340 m/s，求曲线的方程.

解 (1) 由声速和 A、B 两处听到爆炸的时间差，可知 A、B 两点与爆炸点的距离之差为常数，因此，爆炸点所在的曲线应以 A、B 为焦点的双曲线上.

(2) 建立以 A、B 所在直线为 x 轴，AB 中垂线为 y 轴的直角坐标系，

设爆炸点 P 的坐标为 (x, y)，则：

即： $|PA|-|PB|=340\times 2=680$

又： $2a=680, a=340$

所以： $2c=800, c=400$

$$b^2=c^2-a^2=44400$$

因为： $|PA|-|PB|=680>0$

所以： $x>0$

故所求方程为：

$$\frac{x^2}{115600}-\frac{y^2}{44400}=1(x>0)$$

【例 3-24】 探照灯反射镜的轴截面是抛物线的一部分，光源位于抛物线的焦点处，已知

灯口圆的直径是 80 cm，灯深 40 cm，求抛物线的标准方程和焦点位置.

解　在探照灯轴截面所在平民内建立直角坐标系，使反光镜的顶点(即抛物线的顶点)与原点重合，轴垂直于灯口直径.

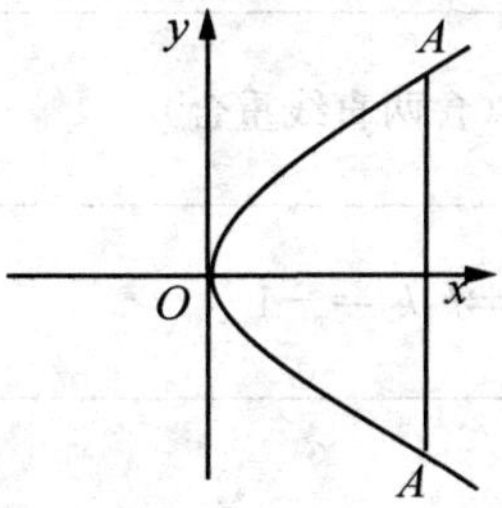

图 3-21

设抛物线的标准方程为 $y^2=2px(p>0)$，由已知条件可得点 A 的坐标为(40,40)，代入方程，得：

$$40^2=2p\times40,$$

即：

$$p=20$$

所以，所求抛物线的标准方程是 $y^2=40x$，焦点坐标是(10,0).

本章小结

一、主要内容

1. 直线

(1) 直线方程

方程名称	方程	说明
一般式	$Ax+By+C=0$	A、B 不能同时为零
点斜式	$y-y_0=k(x-x_0)$	(x_0,y_0)是已知点，k 是斜率，平行于 y 轴的直线不能用此式表示
斜截式	$y=kx+b$	k 是斜率，b 是纵截距，平行于 y 轴的直线不能用此式表示
两点式	$\dfrac{y-y_1}{y_2-y_1}=\dfrac{x-x_1}{x_2-x_1}$	(x_1,y_1)，(x_2,y_2)是已知点，且 $x_1\neq x_2$

(2) 两直线间的关系和点到直线的距离

直线方程	$l_1: A_1x+B_1y+C_1=0$(或 $y=k_1x+b_1$) $l_2: A_2x+B_2y+C_2=0$(或 $y=k_2x+b_2$)(A_1、B_1、A_2、B_2 全不为零)
平行	$l_1 // l_2 \Leftrightarrow \dfrac{A_1}{A_2}=\dfrac{B_1}{B_2} \Leftrightarrow k_1=k_2$(含两直线重合)
垂直	$l_1 \perp l_2 \Leftrightarrow A_1A_2+B_1B_2=0 \Leftrightarrow k_1k_2=-1$
平行	$\dfrac{A_1}{A_2}=\dfrac{B_1}{B_2}\neq\dfrac{C_1}{C_2}$
重合	$\dfrac{A_1}{A_2}=\dfrac{B_1}{B_2}=\dfrac{C_1}{C_2}$
相交	$\dfrac{A_1}{A_2}\neq\dfrac{B_1}{B_2}$
两直线的夹角	$\tan\theta=\left\|\dfrac{k_2-k_1}{1+k_1k_2}\right\|\left(0\leqslant\theta\leqslant\dfrac{\pi}{2}\right)$
点到直线的距离公式	已知一个点 $P(x_0,y_0)$和直线 $Ax+By+C=0$,则点 P 到直线的距离为 $d=\dfrac{\|Ax_0+By_0+C\|}{\sqrt{A^2+B^2}}$

2. 二次曲线

(1) 圆的标准方程与一般方程

标准方程:$(x-a)^2+(y-b)^2=r^2$,表示圆心在点 $C(a,b)$,半径为 r 的圆的方程;

一般方程:$x^2+y^2+Dx+Ey+F=0$,表示以$\left(-\dfrac{D}{2},-\dfrac{E}{2}\right)$为圆心,以$\dfrac{1}{2}\sqrt{D^2+E^2-4F}$为半径的圆;

(2) 椭圆、双曲线和抛物线的标准方程及性质如下表所示:

	椭圆	双曲线	抛物线
定义	到两定点距离之和为常数的点的轨迹	到两定点距离之差的绝对值为常数的点的轨迹	到一定点和一定直线距离相等的点的轨迹

续表

	椭圆	双曲线	抛物线		
标准方程	$\frac{x^2}{a^2}+\frac{y^2}{b^2}=1$ $(a>b>0)$	$\frac{x^2}{a^2}-\frac{y^2}{b^2}=1$	$y^2=-2px$	$x^2=2py$	$x^2=-2py$
顶点坐标	$(\pm a,0)$；$(0,\pm b)$	$(\pm a,0)$	$(0,0)$	$(0,0)$	$(0,0)$
焦点坐标	$(\pm c,0)$ $(c^2=a^2-b^2)$	$(\pm c,0)$ $(c^2=a^2+b^2)$			
渐近线		$y=\pm\frac{b}{a}x$			
准线方程			$x=\frac{p}{2}$	$y=-\frac{p}{2}$	$y=\frac{p}{2}$

二、要注意的问题

椭圆与双曲线的定义最根本的区别仅有一字之差："动点到两定点距离之和为常数"与"动点到两定点距离之差的绝对值为常数". 而它们的方程也只有一个符号之差，a、b、c 三者之间的关系也很相似，使用时要特别注意.

复习题 3

1. 判断题.

(1) 当 $a=b\neq0$ 时，直线$\frac{x}{a}+\frac{y}{b}=1$ 的倾斜角是 135°.　(　　)

(2) 三条直线：$3x-4y+1=0$；$4x+3y+1=0$；$x-y=0$ 所围成的三角形是直角三角形.　(　　)

(3) $A(a,b+c)$、$B(b,c+a)$、$C(c,a+b)$三点不在同一条直线上.　(　　)

(4) 若直线 l_1 与 l_2 的倾斜角满足关系式 $\alpha_1=2\alpha_2$，则它相应的斜率，必满足 $k_1=2k_2$. ( )

(5) 若 $A=3,C=2$，则直线 $Ax-2y-1=0$ 与直线 $6x-4y+C=0$ 不能重合. ( )

(6) 以 $A(-4,-2)$、$B(2,0)$、$C(8,6)$、$D(2,4)$ 为顶点的四边形是平行四边形. ( )

(7) 曲线 $x^2-3x-2y+6=0$ 过点 $A(2,3)$. ( )

(8) 圆 $x^2+y^2-6x=0$ 的圆心是 $(3,0)$，半径是 4. ( )

(9) 在椭圆方程 $\frac{x^2}{a^2}+\frac{y^2}{b^2}=1(a>b>0)$ 中有 $a^2=b^2+c^2$. ( )

(10) 当离心率 e 的值越接近于零时，椭圆就越接近于圆. ( )

2. 填空题.

(1) 经过点 $P(0,-2)$，倾斜角为 $\frac{2\pi}{3}$ 的直线方程是__________.

(2) 两直线 $l_1: 4ax+y=1$，$l_2: (1+a)x+y=-1$ 垂直的充要条件是__________.

(3) 经过直线 $2x+y-8=0$ 和 $x-2y+1=0$ 的交点且平行于 $4x-3y-7=0$ 的直线方程为__________.

(4) 圆心在点 $(1,1)$，并且经过点 $(-3,4)$ 的圆的标准方程是__________.

(5) 椭圆 $11x^2+20y^2=220$ 的焦距等于__________.

(6) 如果双曲线的一个焦点是 $(4,0)$，一条渐近线是 $x-y=0$，则另一条渐近线是__________，双曲线的方程是__________.

(7) 抛物线 $2x^2-5y=0$ 的开口方向为__________，焦点坐标为__________，准线方程为__________.

3. 选择题.

(1) 设直线 $Ax+By+C=0$ 与两轴都相交，则( ).

A. $AB\neq0$　　B. $A\neq0$ 或 $B\neq0$　　C. $A\neq0$　　D. $B\neq0$

(2) 直线 $3x+2y-1=0$ 的倾斜角是 ( ).

A. $\arctan\left(-\frac{3}{2}\right)$　　B. $\arctan\frac{3}{2}$

C. $\pi-\arctan\frac{3}{2}$　　D. $\pi+\arctan\frac{3}{2}$

(3) 若直线的纵截距为 -7，倾斜角为 $\frac{3\pi}{4}$，则此直线方程为 ( ).

A. $x+y+7=0$　　B. $x+y-7=0$

C. $x-y+7=0$　　D. $x-y-7=0$

(4) 在直角坐标系中,点$(x,-4)$位于点$(0,8)$和$(-4,0)$的连线上,那么x等于(　　).

A. -2　　B. 2　　C. -8　　D. -6

(5) 下面的点在曲线$x^2+y^2-2x+2y=14$上的是(　　).

A. $(1,2)$　　B. $(1,3)$　　C. $(1,6)$　　D. $(0,-2)$

(6) 已知三角形ABC的面积为4,A、B两点的坐标分别为$(-2,0)$和$(2,0)$,则顶点C的轨迹方程是(　　).

A. $y=2$　　B. $y=-2$

C. $y=2$和$y=-2$　　D. $y=4$和$y=-4$

(7) 经过点$A(1,0)$,$B(-1,1)$,$C(0,0)$的圆的方程是(　　).

A. $x^2+y^2-x+3y=0$　　B. $x^2+y^2-x-3y=0$

C. $x^2+y^2+x+3y=0$　　D. $x^2+y^2+x+y=0$

(8) 与椭圆$\frac{x^2}{9}+\frac{y^2}{4}=1$有公共焦点的椭圆的方程是(　　).

A. $\frac{x^2}{4}+\frac{y^2}{9}=1$　　B. $\frac{x^2}{3}+\frac{y^2}{2}=1$

C. $\frac{x^2}{15}+\frac{y^2}{10}=1$　　D. $\frac{x^2}{81}+\frac{y^2}{16}=1$

(9) 如果双曲线的两条渐近线互相垂直,则双曲线的离心率是(　　).

A. $\sqrt{2}$　　B. 2　　C. $\sqrt{3}$　　D. 3

(10) 抛物线$y^2=ax$的焦点坐标是(　　).

A. $\left(0,\frac{a}{4}\right)$　　B. $\left(\frac{a}{4},0\right)$

C. $\left(0,-\frac{a}{4}\right)$　　D. $\left(-\frac{a}{4},0\right)$

4. 求过点$P(1,-3)$且与直线$x+2y+4=0$的夹角为$\frac{\pi}{4}$的直线方程.

5. 求平行于直线$x-y-2=0$且与它的距离为$2\sqrt{2}$的直线方程.

6. 椭圆的中心在原点,焦点在y轴上,焦距为8,长半轴和短半轴的和为8,求椭圆的标准方程.

7. 已知双曲线的离心率为3,虚半轴的长为12,求双曲线的标准方程.

8. 在抛物线$y^2=4x$上求一点M,使它到焦点的距离为10.

趣味阅读

古希腊露天剧场音效之谜

这个古剧场的音响效果非常好:演员站在露天的舞台表演,坐在六十米之外的后排观众也能清楚地听见他们的声音.

埃普道鲁斯是位于伯罗奔尼撒东北部的一座希腊古城,建于公元前 4 世纪的埃普道鲁斯露天剧场是希腊保存得最好的古剧场与古典建筑之一,剧场也以其极佳的声效而闻名于世,舞台上的声音能传到剧场的每个角落. 自 1881 年,人们在希腊南部的伯罗奔尼撒半岛的地下发现埃普道鲁斯剧场并将之发掘以来,一个让建筑学家和考古学家困惑不已的问题是:为什么古剧场里声音传播的效果这样好?

埃普道鲁斯剧场是古希腊著名建筑师阿特戈斯和雕刻家波利克里道斯的杰作,坐落在一座山坡上,中心的舞台直径 20.4 米. 歌坛前的 34 排大理石座位依地势建在环形山坡上,次第升高,像一把展开的巨大折扇,全场能容纳 1.5 万余名观众. 1988 年联合国教科文组织将埃普道鲁斯古迹作为文化遗产,列入《世界遗产名录》.

古代:剧场不仅仅是娱乐场所

这个巨大露天剧场是希腊古典后期建筑艺术的最大成就之一. 埃普道鲁斯是伯罗奔尼撒半岛东北部沿海的一个城邦. 公元前 4 世纪中期兴建了以最崇敬的医神阿斯枯拉庇乌斯神庙为中心的建筑群,其中最著名的是这个露天大剧场. 它的设计者是著名雕刻家波里克里托斯的儿子小波里克里托斯.

古希腊剧场起源很早,基本造型是利用山坡地势,观众席逐排升高,呈半圆形,并有放射形的通道. 表演区是位于剧场中心一块圆形平地,后面有化妆及存放道具用的建筑物. 剧场不仅是娱乐场所,也是自由民集会的地方,因此规模巨大.

表演和面具

古希腊的剧场一般都是露天的,包括三个部分:乐池(或主厅、舞池)、景屋以及观众席. 乐池往往位于建筑的中央,通常也作为舞台,是一个周长为 150 米的圆形区域. 乐池是演员表演和歌队吟唱的地方,也是举行宗教仪式的场所. 在乐池中央往往有个祭坛. 在雅典,这座祭坛通常是为祭奠狄奥尼索斯建造. 在乐池后面是一个名为"景屋"(skene)的矩形建筑,意为"帐篷"或"棚屋". 景屋的功能相当于是古希腊剧场的后台,在这里演员可以换服装和面具. 通常景物外有三扇门通往乐池. 在有些剧场的景屋前方有一个凸出地面的表演区域,这便是现代剧场中舞台前部的雏形. 最早的景屋往往如其本义,就是一个帐篷类的结构,为宗教庆典活动而建，在庆典结束之后便被拆除. 后来，随着戏剧成为一种主流的艺术样式，剧场也成了一种永久性的建筑. 有的时候人们还在景屋的外表上绘制图案作为舞台背景. 这也是英文中“scenery”一词的起源.

环绕在乐池周围的坡形结构就是观众席. 观众席通常依小山坡的坡度建造，观众们坐在整齐排列的长椅上观赏表演. 古希腊的剧场通常只能建造在形状适宜的山坡上. 古希腊剧院的规模通常很大，能够容纳1.5万名观众. 这些剧场通常是开放式的，观众可以清楚地看到周围的其他人，包括演员和歌队以及剧场四旁的风光.

古希腊剧院的庞大规模决定了演员们的表演必须要比较夸张. 他们要大声的背诵台词，大幅度的做出各种手势，因为只有这样才能保证全场的观众都能看到和听到他们的表演. 也正是出于同样的原因，在戏剧表演中往往也不能使用尺寸比较小的道具，演员们要通过打手势来喻指某些物体. 古希腊戏剧通常只有两至三个演员，因此一个演员往往要同时饰演几个不同的角色. 而往往剧中的一个角色也可以同时被几个演员饰演.

古希腊戏剧多半包含音乐和舞蹈的元素. 歌队和角色朗诵、吟唱的韵文都附加伴奏. 由于演员和观众的距离非常之远，因此演员必须频繁更换服装和面具来吸引观众的注意. 演员们利用厚底的靴子以使自己显得高一些，有时还要带上颜色艳丽的手套以使观众能够辨认自己的手势.

面具是戏剧中最具古希腊特色的象征. 在一部戏剧中，每个演员都有自己独特的面具. 这些面具通常用亚麻或软木制成，所以没有一个能够保留到今天；但是从以古希腊演员为主题的绘划和雕塑作品中，我们可以得知那些面具的形状样式. 悲剧中使用的面具往往是痛苦或哀悼的表情，而喜剧中使用的面具则通常是微笑的表情，或带有点邪恶的意味. 演员在表演的时候用面具遮住整个面孔，包括头发在内.

现代：科学家试解独特音效之谜

美国佐治亚理工学院的研究人员发现，埃普道鲁斯剧场音音响效果的秘密在于阶梯形的座位安排. 他们通过计算发现，这种以半圆形状展开的阶梯形结构实际上是一种完美的声音过滤器，它在传播表演者高频率声音的同时抑制了低频率的声音，而绝大多数背景噪音都是低频率声音.

研究人员目前还不清楚这种独特的结构究竟是得之偶然还是专门设计的，但无论如何，希腊人和罗马人欣赏埃普道鲁斯剧场如此独特的音响效果，他们在各处的建筑中复制了这种结构. 公元前1世纪，罗马建筑权威马库斯·维特鲁维曾经暗示，他的前辈十分清楚如何在剧场的设计中突出人的声音. 他写道：“根据数学法则和音乐方法，他们努力尝试让舞台中央的声音能够更加清晰和美妙地传送到观众的耳中. 在剧场设计中根据和谐科学原理，先辈们增强了声音的力量.”

后来，也有专家推测埃普道鲁斯剧场卓越的音响效果主要是由于从舞台到观众席的良好风向,或者是古希腊剧的典型效果,即演员们富有韵律的讲话或以面具当做扩音器. 但这些解释不能说明为什么在今天无风的日子里,各个角落的观众也能清晰地听见站这个古老舞台中央的演员的声音.

研究人员推测,问题的答案可能与声音在波纹曲面上的反射有关. 几年前,科学家们已经知道波纹曲面能过滤掉某些声波,从而强化某种频率的声音,正如蝴蝶翅膀上的微小皱纹能反射特别的光波. 用泡沫做成的褶皱声音抑制垫涂在噪声大的房间的墙壁上,采用的也是这种原理.

以前的研究发现,墨西哥玛雅的金字塔形神庙的阶梯形表面能将掌声或脚步声变成小鸟般的啾唧声或雨滴声. 现在,他们通过计算发现,埃普道鲁斯剧场的石阶座位也会影响声音的反射,其中频率低于500赫兹的声音会被更高频率的声音抑制.

研究人员认为,在剧场周围和剧场中产生的绝大多数噪音可能都是低频噪音,如风吹树动的瑟瑟声或人在剧场中走动的沙沙声,因此,过滤低频率的噪音就能提高表演者高频率声音的能听度,而所谓截止频率就是你希望在声源中去掉的那些噪声.

过滤低频噪音也意味着演讲者的有些话像噪音一样不能听见,但这并不是一个问题,因为人类的听觉系统能够将在高频率声音中消失的低频率声音“放回原处”. 研究者之一的Declercq说:“有一种神经学现象叫做虚螺距,它能在人的大脑中重建缺少低频率声音的声源. 这会让一些声音较小的扩音器有更好的音响效果. 他认为尽管现代有更高级的音响技术,但在露天体育场或剧场的设计中,阶梯形的座位设计也是一个值得考虑的重要因素.

第 4 章

立体几何

2008 年北京奥运会已圆满闭幕，鸟巢建筑给我们留下了深刻的印象；商场中琳琅满目的水晶、钻石令无数女性留恋忘返……然而，你知道它们的结构是怎样的吗？你是否对此充满了疑问，那就让我们带着好奇心一起走进这神秘的立体空间，揭开它们神秘的面纱吧.

在平面几何中，我们学习了一些平面几何的画法和性质. 在日常生活、生产实践和科学实验中，还常常会接触空间图形，如箱子、球、水塔等，这就需要了解空间图形的有关知识. 本章主要研究空间的点、线、面的性质以及它们之间的关系，并以此为基础解决常见空间几何图形的有关计算问题.

4.1 平面及其性质

4.1.1 平面及其表示法

常见的桌面、墙面、黑板面、平静的水面等，都呈现出平面的形象. 而几何里所说的平面是没有厚度的，它广阔无边，向四周无限延伸.

图 4-1

由于平面的延展性，在画平面时也只能用平面的一部分来代表平面. 当以适当的角度和适当的距离去观察桌面、黑板面、地板时，觉得它们很像平行四边形. 因此，通常用平行四边形来表示平面，并记作希腊字母 α、β、γ 等，写在表示平面的平行四边形的一个顶角的内部；但也可用表示平行四边形顶点的四个字母或对角的两个字母来表示. 如图 4-2(b)、(c)所示的平面可记作平面 α、平面 β 或平面 $ABCD$、平面 AC 等.

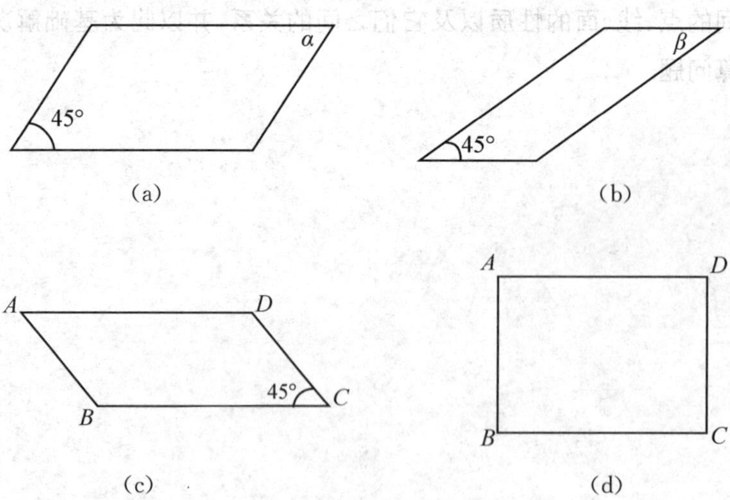

图 4-2

画一个水平放置的平面时，通常把平行四边形的锐角画成 45°，把横边的长度画成大约等于邻边长度的两倍，且使横边与水平方向平行. 如图 4-2(a)所示.

画一个竖直放置的平面时，可以把平面画成矩形或平行四边形，使它的竖边与水平平面的横边相垂直，如图 4-2(d)所示.

当一个平面的一部分被另一部分平面遮住时，应把被遮住的部分画成虚线或不画(如图 4-3).

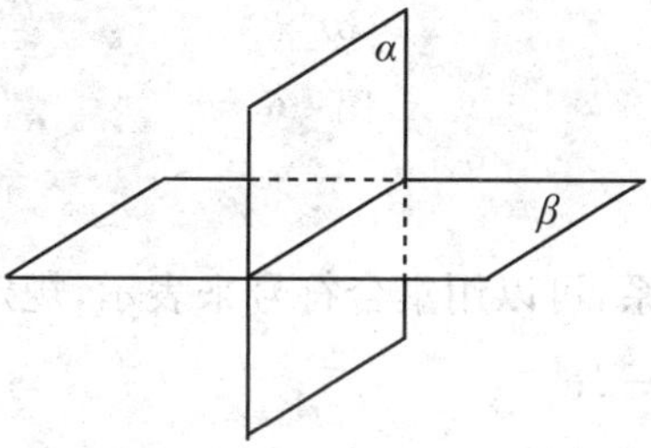

图 4-3

4.1.2　平面的基本性质

人们在长期的生产实践中总结出了平面的基本性质，这里将把它作为三条公理使用，它们是研究空间直线、平面的位置关系的理论基础.

公理 1　如果一条直线上的两个点在一个平面内，那么这条直线上的所有点都在该平面内(如图 4-4).

这时，称直线 l 在平面 α 内，或平面 α 经过直线 l.

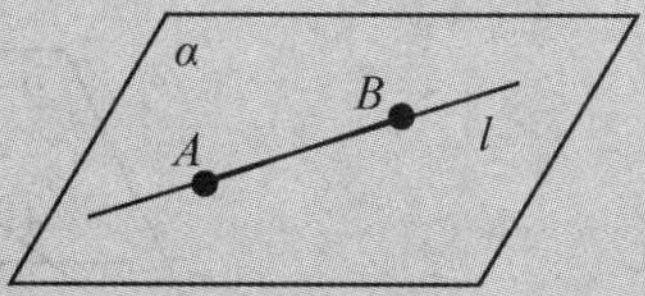

图 4-4

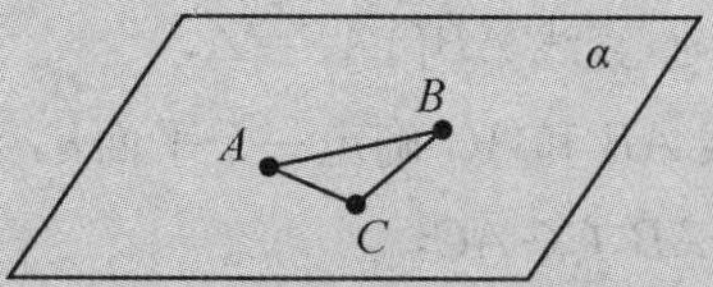

图 4-5

公理 2　如果两个平面有一个公共点，那么它们相交于经过这点的一条直线.

公理 3　经过不在同一直线上的三点可以作一个平面，并且只可以作一个平面(如图 4-5).

三点定面，来自人们长期生活经验的积累. 如照相机的三脚架，老年人走路时要拄拐棍等.

公理 3 有以下推论：

推论 1 一条直线和这条直线外一点可以确定一个平面(如图 4-6(a)).

推论 2 两条相交的直线可以确定一个平面(如图 4-6(b)).

推论 3 两条平行直线可以确定一个平面(如图 4-6(c)).

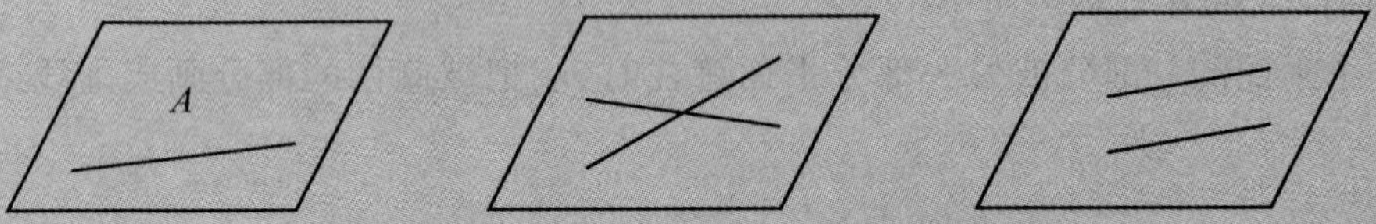

图 4-6

空间点、直线和平面的关系,可以用集合符号来表示,规定如下:

点 A 在直线 l 上,记作 $A\in l$;

点 A 不在直线 l 上,记作 $A\notin l$;

点 A 在平面 α 内,记作 $A\in\alpha$;

直线 l 在平面 α 内,记作 $l\subset\alpha$ 或 $\alpha\supset l$;

直线 l 与平面 α 交于点 A,记作 $l\cap\alpha=A$;

直线 l 与平面 α 没有交点,记作 $l\cap\alpha=\varnothing$;

平面 α 与平面 β 相交于直线 l,记作 $\alpha\cap\beta=l$.

【例 4-1】 求证两两相交且不过同一点的三条直线必在同一个平面内.

已知:如图 4-7,直线 AC、AB、BC 两两相交,其交点分别为 A、B、C.

求证:直线 AB、BC、CA 共面.

证明 因为,直线 $AB\cap AC=A$,

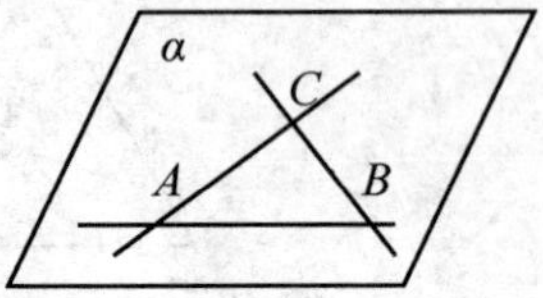

图 4-7

所以,直线 AB 和 AC 确定一个平面 α,

因为,$B\in AB$,$C\in AC$,

所以,$B\in\alpha$,$C\in\alpha$,

所以,$BC\subset\alpha$.

所以,直线 AB、BC、CA 都在平面 α 内,即它们共面.

练习 4-1

1. 判断题.

(1) 空间的任意三个点确定一个平面.　(　　)

(2) 两个平面如果相交,交点一定有无穷多个.　(　　)

(3) 相交于同一点的三条直线一定共面.　(　　)

(4) 四条线段依次首尾相接,所得到的封闭图形一定是平面图形.　(　　)

2. 回答下列问题:

(1) 能否说一个平面长 4 m,宽 6 m,为什么?

(2) 把一张纸对折,折痕为什么是一条直线?

(3) 三条直线相交于一点,最多能确定几个平面?

(4) 空间有四点,它们中间的任意三点都不在一条直线上,这样的四点可以确定多少个平面?

(5) 空间三条直线两两平行,且不在同一个平面内,这样的三条直线可以确定几个平面?

4.2　空间两条直线的位置关系

4.2.1　两条直线的位置关系

在平面几何中,同一平面内的两条不重合直线只有相交和平行两种位置关系,而空间内两条不重合直线还存在另外一种位置关系:它们不在同一平面内,它们既不平行也不相交,对于空间直线间的这种位置关系,有如下定义:

定义 1　不在同一平面内的两条直线叫做**异面直线**.

由此可见,空间两条不重合的直线,它们的位置关系有三种:

(1) 平行——在同一平面内,没有公共点;

(2) 相交——在同一平面内,有且只有一个公共点;

(3) 异面——不在同一平面内，没有公共点.

在平面几何中，平行线具有传递性，在空间也有类似的结论.

定理 1 空间中平行于同一条直线的两条直线互相平行.

如图 4-8 所示，已知 $a /\!/ b$，$c /\!/ b$，则 $a /\!/ c$.

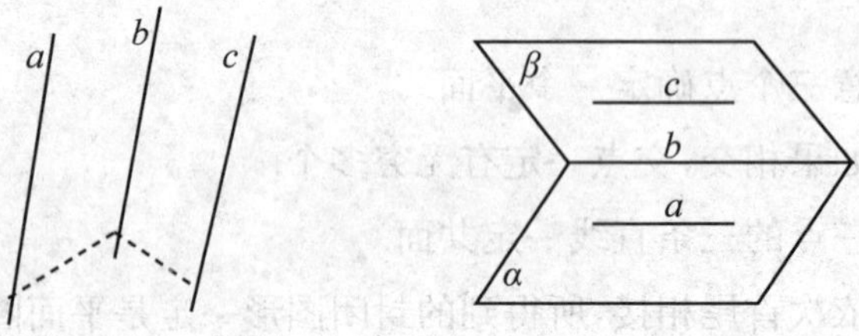

(a) (b)

图 4-8

【例 4-2】 已知 $ABCD$ 是四个顶点不在同一平面内的空间四边形，E、F、G、H 分别是 AB、BC、CD、AD 的中点，连接 EF、FG、GH、HE. 求证：$EFGH$ 是一个平行四边形.

证明 因为 EH 是 $\triangle ABD$ 的中位线，

所以 $EH \mathrel{\underline{\underline{/\!/}}} \frac{1}{2}BD$

同理，$FG \mathrel{\underline{\underline{/\!/}}} \frac{1}{2}BD$，根据定理 1，可知 $EH \mathrel{\underline{\underline{/\!/}}} FG$，所以四边形 $EFGH$ 是一个平行四边形.

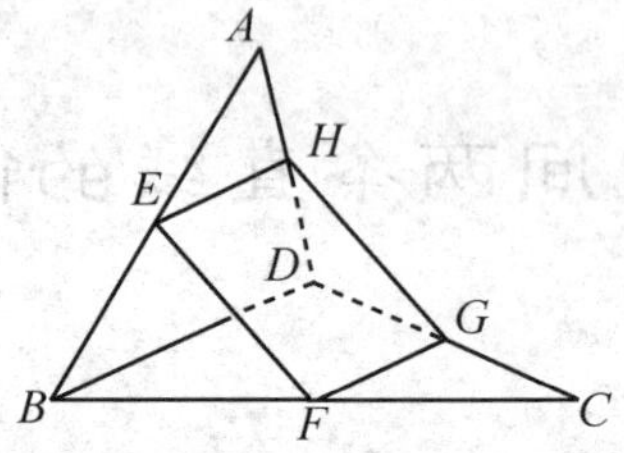

图 4-9

定理 2 如果空间两个角的两边对应平行且方向相同，那么这两个角相等.

4.2.2 两条异面直线所成的角

画异面直线时要把异面直线明显地画在不同的平面内，可以画成如图 4-10 所示那样.

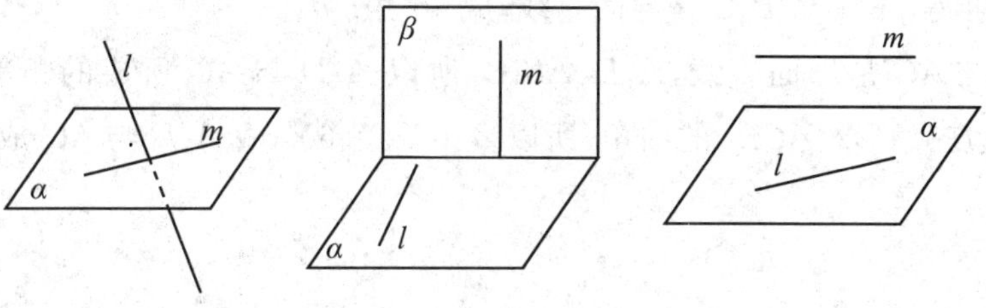

(a)　　(b)　　(c)

图 4-10

平面内两条相交直线的位置关系可以用它们的夹角来表示. 而两条异面直线不在同一平面内,它们既不平行也不相交,怎样来确定它们的关系呢?

定义 2　过空间任意一点,分别作两条异面直线的平行线,这两条相交直线所成的锐角(或直角),称为**两条异面直线所成的角**.

如图 4-11,a 和 b 是异面直线,经过空间任意一点 O,作直线 $a' /\!/ a$,$b' /\!/ b$,那么 a' 和 b' 相交成的锐角(或直角)θ 就是异面直线 a 和 b 所成的角. 一般地,将点取在其中一条直线上,过这一点作另一条直线的平行线,即得异面直线所成的角.

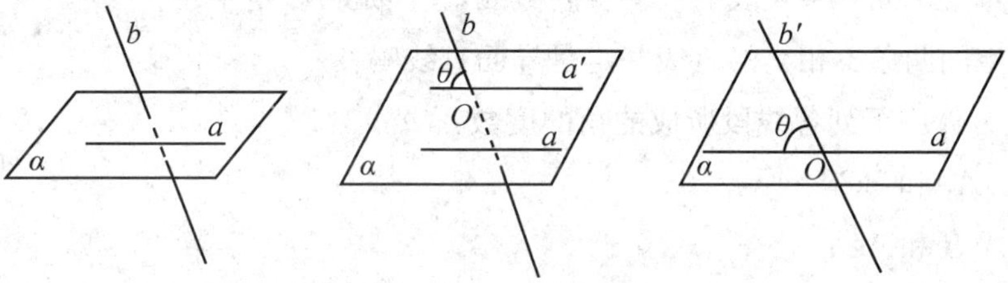

(a)　　(b)　　(c)

图 4-11

点 O 常取在两条异面直线中的一条上. 例如,取点 O 在直线 b 上,然后过点 O 作直线 $a' /\!/ a$. 那么 a' 和 b 所成的角就是异面直线 a 和 b 所成的角.

如果两条异面直线所成的角是 90°,则称这两条异面直线相互垂直. 两条异面直线 a 与 b 垂直,记作 $a \perp b$.

【例 4-3】　如图 4-12 所示,在正方体 $ABCD-A_1B_1C_1D_1$ 中,指出下列各对线段的位置关系以及所成角的度数;

(1) AB 与 DD_1;　(2) AA_1 与 B_1C;　(3) A_1D 与 AC.

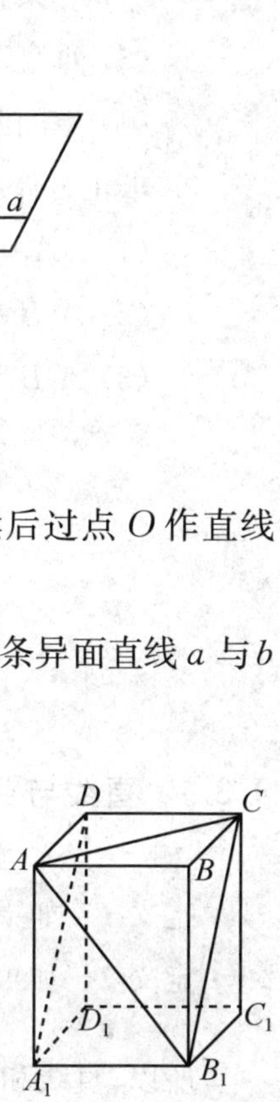

图 4-12

解　(1) AB 与 DD_1 是异面直线,因为 $AB /\!/ DC$, 所以 AB 与 DD_1 所成的角等于 $\angle CDD_1$,而 $\angle CDD_1 = 90°$,故 AB 与 DD_1 成 90°角,即 $AB \perp DD_1$.

(2) 同理可得,AA_1 与 B_1C 是异面直线,成 $45°$角.

(3) A_1D 与 AC 是异面直线,$A_1D /\!/ B_1C$,所以 A_1D 与 AC 所成的角等于$\angle ACB_1$,而$\angle ACB_1$ 是等边三角形$\triangle ACB_1$ 的内角,所以$\angle ACB_1=60°$,故 A_1D 与 AC 成 $60°$角.

练习 4-2

1. 填写不重合直线的位置关系:

   只有一个公共点的两条直线是________;没有一个公共点的两条直线是________或________;在同一平面内的两条直线是________ 或 ________;不同在任一平面内的两条直线是__________.

2. 回答下面的问题:

   (1) 分别在两个平面内的两条直线一定是异面直线吗?

   (2) 一条直线和两条异面直线相交,一共可以确定几个平面?

   (3) 垂直于同一条直线的许多空间直线,它们是否一定平行?

   (4) 空间两条不相交的直线一定是异面直线吗?

3. 求正方体中下列各线段所成的角的度数:

   (1) AA_1 和 BC_1;

   (2) A_1B 和 AC;

   (3) A_1B 和 D_1C_1

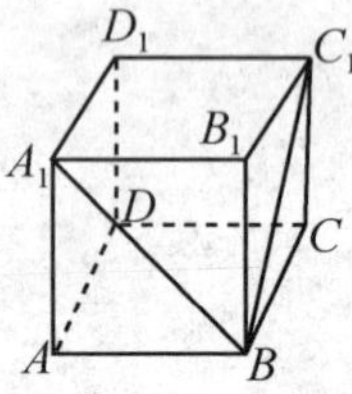

图 4-13

4.3 直线与平面的位置关系

4.3.1 直线与平面的位置关系

定义 1 如果直线和平面没有公共点,则称**直线和平面平行**.

定义 2 如果直线和平面只有一个公共点,则称**直线和平面相交**.

所以,直线和平面的位置关系有三种:

(1) 直线在平面内——有无数个公共点;

(2) 直线和平面平行——没有公共点；

(3) 直线和平面相交——只有一个公共点.

画直线和平面平行时，把直线画在表示平面的平行四边形以外，并且与平行四边形的一条边或平面内的一条直线平行(如图 4-14)，直线 l 和直线 a' 都与平面 α 平行.

画直线和平面相交时，要把直线延伸到表示平面的平行四边形以外，并且把被平面遮住的部分画成虚线(如图 4-15)或者不画出.

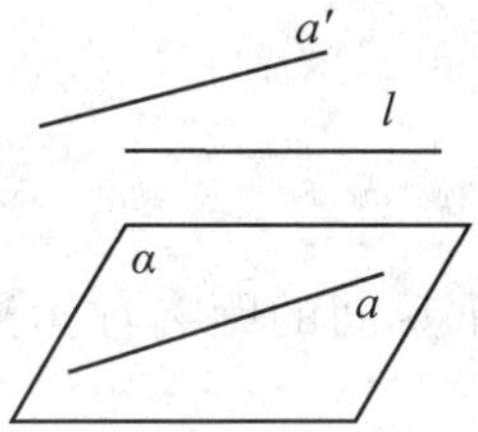

图 4-14

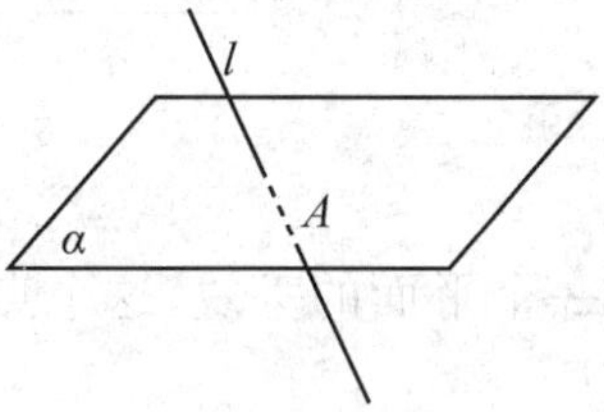

图 4-15

4.3.2　直线和平面平行

直线与平面平行的判定定理　如果平面外一条直线平行于这个平面内的一条直线，那么这条直线就和这个平面平行(如图 4-16).

直线与平面平行的性质定理　如果一条直线和一个已知平面平行，那么过这条直线的平面与已知平面的交线和这条直线平行.

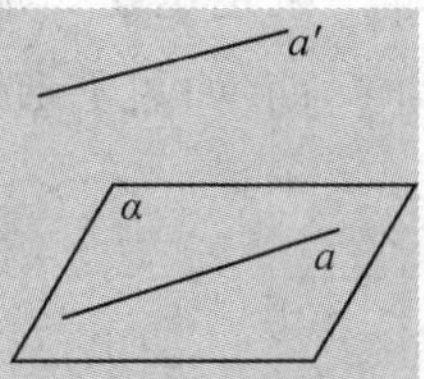

图 4-16

上面叙述的直线和平面平行的判定定理，可以简记为"线线平行，线面平行"；对于直线和平面平行的性质定理，可以简记为"线面平行，线线平行".

直线 l 和平面 α 平行，记作 $l /\!/ \alpha$.

【例 4-4】　已知 E、F 分别为空间四边形 $ABCD$ 两邻边 AB、AD 的中点，求证：$EF /\!/ BCD$.

证明　因为 E、F 分别是 AB、AD 的中点，

所以 $EF /\!/ BD$.

又 EF 不在平面 BCD 内，$BD \subset$ 平面 BCD.

由判定定理，知 $EF /\!/ BCD$.

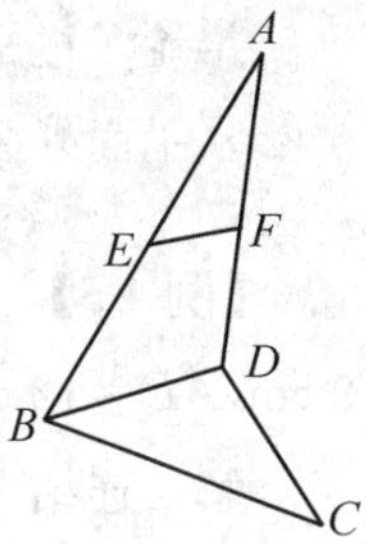

图 4-17

4.3.3　直线和平面垂直

定义 3　如果一条直线与平面内任何一条直线都垂直，那么称**这条直线和这个平面互相垂直**. 这条直线叫做这个平面的**垂线**；这条直线和平面的交点叫做**垂足**.

直线 l 和平面 α 互相垂直，记作 $l\perp\alpha$.

画直线和平面垂直时，要把直线画成和表示平面的平行四边形的一条边互相垂直(如图 4-18).

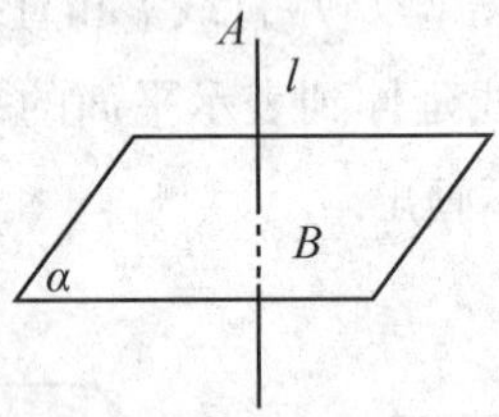

图 4-18

过平面外一点引一个平面的垂线，这个点和垂足间的距离称为这个点到这个平面的距离.

空间过一点有且只有一条直线和一个平面垂直；过一点有且只有一个平面和一条直线垂直.

判定定理 如果一条直线和平面内的两条相交直线都垂直，那么这条直线就垂直于这个平面(如图 4-19).

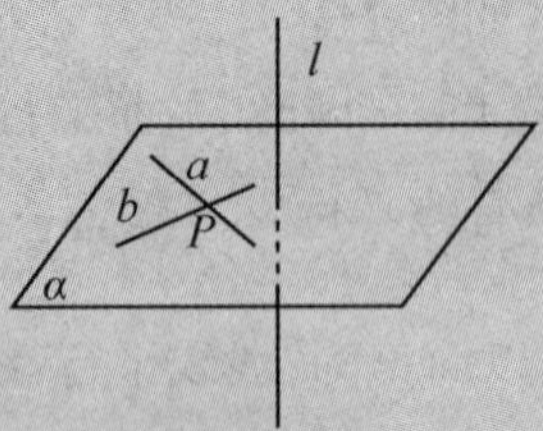

图 4-19

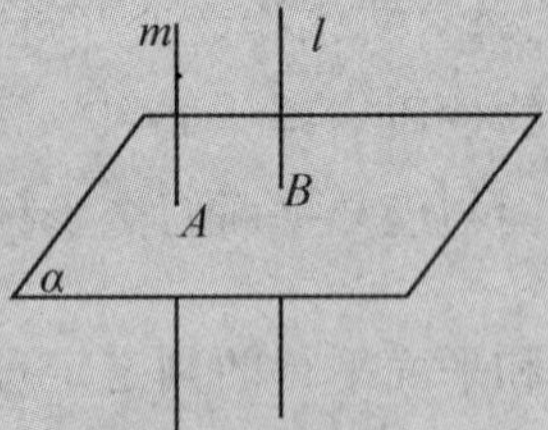

图 4-20

性质定理 如果两条直线同垂直于一个平面，那么这两条直线互相平行(如图 4-20).

推论 过平面外一点(或平面内一点)有且仅有一条与已知平面垂直的直线.

从平面外一点向平面引垂线，这个点到垂足之间的距离叫做**点到平面的距离**.

【例 4-5】 已知 $SA\perp AB$，$SA\perp AD$，四边形 $ABCD$ 是一矩形，并且边长分别为 $AB=9$ cm，$AD=12$ cm，$SC=25$ cm，求点 S 到平面 AC 的距离.

解 连结 AC，因为 $ABCD$ 是矩形，所以，$BC=AD=12$，$AB\perp BC$，

则 $AC=\sqrt{AB^2+BC^2}=\sqrt{9^2+12^2}=15$.

因为 $SA\perp AB$，$SA\perp AD$，

所以 $SA\perp$ 平面 AC，

又 $AC\subset$ 平面 AC，

所以 $SA\perp AC$，$\angle SAC=90°$.

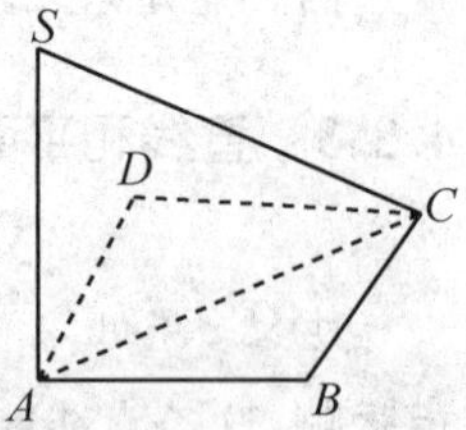

图 4-21

得 $SA=\sqrt{SC^2-AC^2}=\sqrt{25^2-15^2}=20$，

即点 S 到平面 AC 的距离为 20.

4.3.4　直线与平面斜交

定义 4　一条直线和平面相交但不和它垂直，这条直线就叫做这个平面的**斜线**，斜线和平面的交点叫做**斜足**.

过平面外一点，向这个平面引垂线和斜线，从这点到垂足间的线段叫做**从这点到这个平面的垂线段**；从这点到斜足间的线段，叫做**从这点到这个平面的斜线段**. 斜足和垂足之间的线段叫做斜线段在这个平面内的**射影**.

如图 4-22 所示，PA、PO 分别是从点 P 到平面 α 的斜线段、垂线段，O 是垂足，A 是斜足，OA 是斜线段 PA 在平面内的射影，并且△POA 为直角三角形.

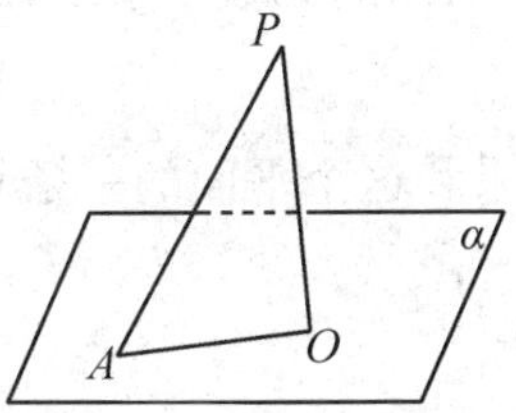

图 4-22

4.3.5　直线与平面所成的角

定义 5　平面的一条斜线和它在平面内射影所成的锐角，叫做**该斜线与这个平面所成的角**.

规定：

(1) 如果一条直线和一个平面垂直，那么这条直线和这个平面所成的角是 $90°$；

(2) 如果一条直线和一个平面平行，那么这条直线和这个平面成 $0°$角.

三垂线定理及其逆定理

三垂线定理　平面内的一条直线，如果和一条斜线在这个平面内的射影垂直，那么它也和这条斜线垂直.

三垂线定理的逆定理　平面内的一条直线，如果和这个平面的一条斜线垂直，那么它和这条斜线的射影垂直.

练习 4-3

1. 判断题.

(1) 如果一条直线平行于一个平面,这条直线就和这个平面的所有直线都平行. ( )

(2) 如果一条直线平行于另一条直线,那么就和经过另一条直线的任何平面都平行. ( )

(3) 如果一条直线垂直于平面内的两条直线,那么这条直线就和这个平面垂直. ( )

(4) 如果一条直线垂直于平面内的无数条直线,那么这条直线就垂直于这个平面. ( )

(5) 平面内的一条直线,如果和这个平面的一条斜线垂直,那么它也和这条斜线在平面内的射影垂直. ( )

2. 填空题.

(1) 一条直线和一个平面所成的角为 α,那么 α 的取值范围是________.

(2) 一条直线和一个平面的位置关系有________种,它们分别是____________.

4.4 平面与平面的位置关系

4.4.1 两个平面的位置关系

定义 如果两个平面没有公共点,那么称这两个平面互相平行. 平面 α 和平面 β 平行,记作 $\alpha /\!/ \beta$.

空间两个不重合的平面,它们的位置关系有两种:

(1) 两个平面平行——没有公共点;

(2) 两个平面相交——有一条公共直线.

画两个平面平行时,要注意使表示平面的两个平行四边形的对应边互相平行(如

图 4-23)；画两个相交平面时，要使表示两个相交平面的平行四边形有一条公共直线.

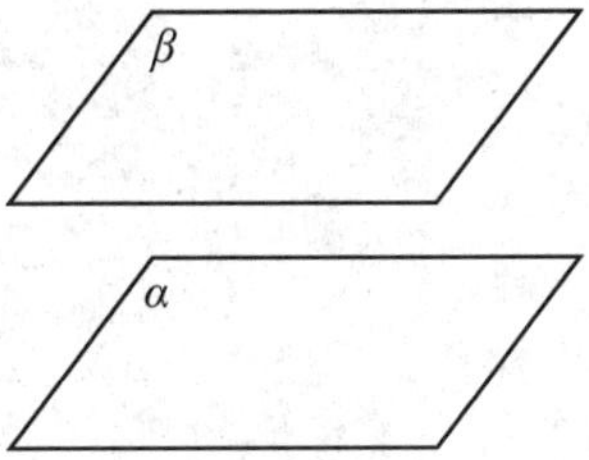

图 4-23

4.4.2　平面和平面平行

判定定理　如果一个平面内有两条相交直线都平行于另一个平面，那么这两个平面平行(如图 4-24).

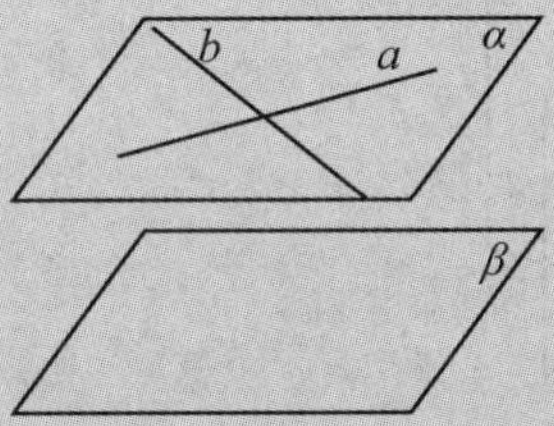

图 4-24

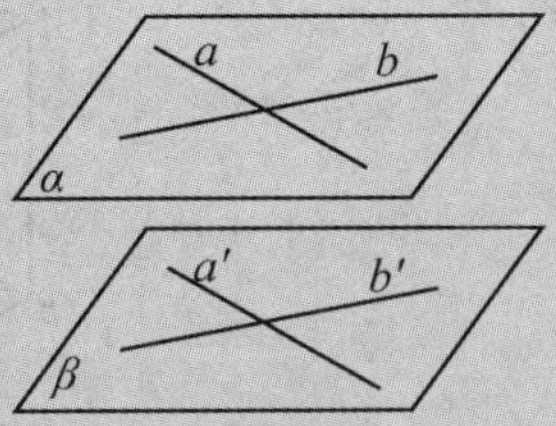

图 4-25

推论 1　如果一个平面内的两条相交直线，分别和另一个平面内的两条直线平行，那么这两个平面平行(如图 4-25).

推论 2　垂直于同一条直线的两个平面互相平行.

性质定理 1　如果两个平行平面分别和第三个平面相交，那么它们的交线平行.

性质定理 2　夹在两个平行平面间的平行线段的长相等.

由此可知，夹在两个平行平面间的垂直线段的长度最短，我们把这个垂直线段的长度叫做两个平面间的距离.

性质定理 3　如果一条直线垂直于两个平行平面中的一个平面，那么这条直线也垂直于另一个平面.

【例 4-6】　已知四面体 $PABC$，其中 D、E、F 分别是棱 PA、PB、PC 的中点.

求证：平面 DEF // 平面 ABC.

证明　在△PAB 中，DE // AB，而 DE 不在平面 ABC 内，

所以 DE // 平面 ABC.

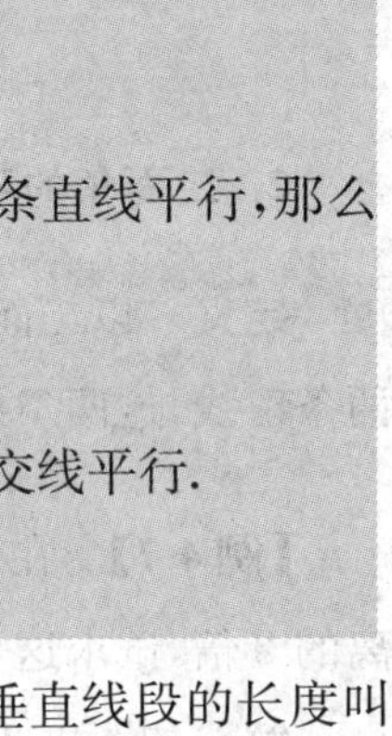

图 4-26

同理 $EF//$平面 ABC.

又因为 $DE\cap EF=E$,

所以 平面 $DEF//$平面 ABC.

4.4.3 二面角

1. 二面角的基本概念

一个平面内的一条直线把这个平面分成两个部分,每一部分叫做**半平面**.

定义 由一条直线引出的两个半平面组成的图形叫做**二面角**. 这条直线叫做**二面角的棱**,这两个半平面叫做**二面角的面**.

如图 4-27 所示的二面角,以直线 AB 为棱,两个面 α、β 通常记作二面角 $\alpha-AB-\beta$.

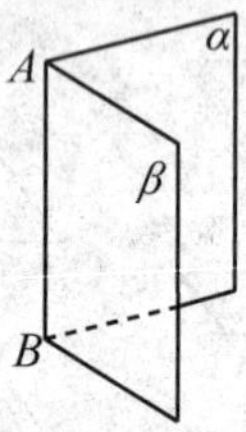

图 4-27

2. 二面角的平面角

定义 以二面角的棱上任意一点为端点,分别在二面角的两个半平面内作垂直于棱的两条射线,这两条射线所成的角叫做**二面角的平面角**.

【例 4-7】 在二面角的一个平面内有一个已知点 A,它到棱的距离是它到另一个面的距离的 2 倍,试求这个二面角的度数.

解 如图 4-28 所示,二面角 $\alpha-a-\beta$ 的一个面 α 内有一点 A,$AB\perp a$ 于 B,$AC\perp\beta$ 于 C,则 $AB=2AC$. 连结 BC,则 BC 是 AB 在平面 β 内的射影. 根据三垂线的逆定理有 $BC\perp a$.

所以$\angle ABC$ 就是二面角 $\alpha-a-\beta$ 的平面角. 在 $Rt\triangle ABC$ 中,$AB=2AC$,则$\angle ABC=30°$.

故二面角 $\alpha-a-\beta$ 为 $30°$.

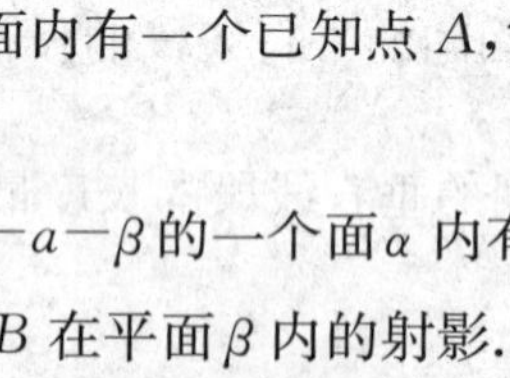

图 4-28

4.4.4　平面与平面垂直

定义　两个平面相交，如果所成的二面角是直二面角，那么就称这两个平面互相垂直. 平面 α 与平面 β 垂直，记作 $\alpha\perp\beta$.

画两个平面相互垂直时，如图 4-29 所示，要把直立平面的竖边画成和水平平面横边垂直.

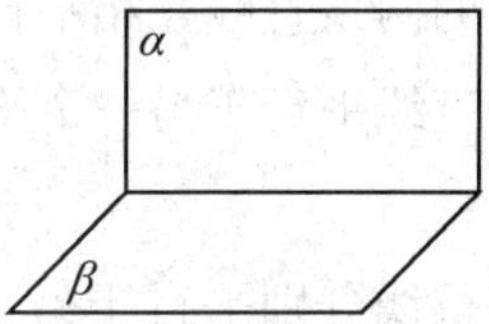

图 4-29

平面与平面垂直的判定定理　如果一个平面经过另一个平面的一条垂线，那么这两个平面互相垂直(如图 4-30).

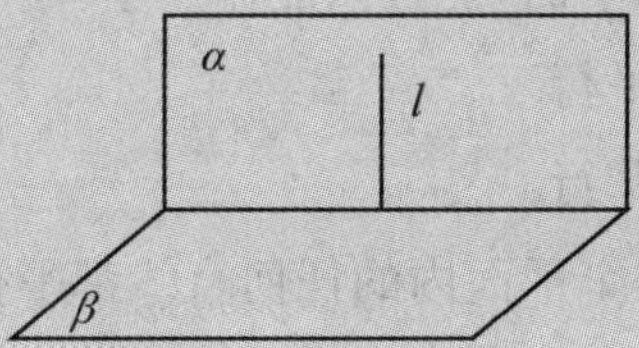

图 4-30

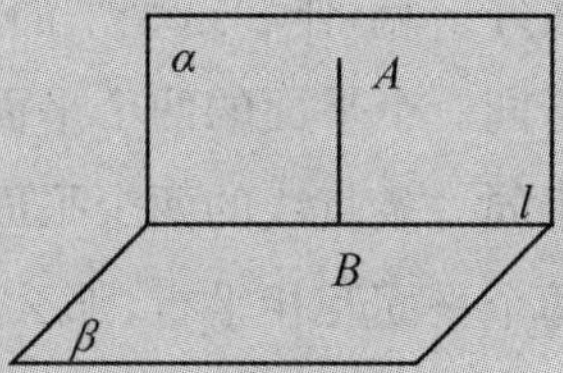

图 4-31

平面与平面垂直的性质定理　如果两个平面互相垂直，那么在一个平面内垂直于它们交线的直线，必垂直于另一个平面(如图 4-31).

推论 1　如果两个平面互相垂直，那么经过其中一个平面内任意一点且垂直于另一个平面的直线，必在前一个平面内(如图 4-31).

推论 2　如果两相交平面都垂直于第三个平面，那么它们的交线也垂直于第三个平面.

【例 4-8】　如图 4-32，已知 $\alpha\perp\beta$，$\alpha\cap\beta=AB$，在平面 β 内，$CD/\!/AB$，CD 到 AB 的距离为 3.5 cm，点 E 在平面 α 内，E 到 AB 的距离为 12 cm. 求点 E 到 CD 的距离.

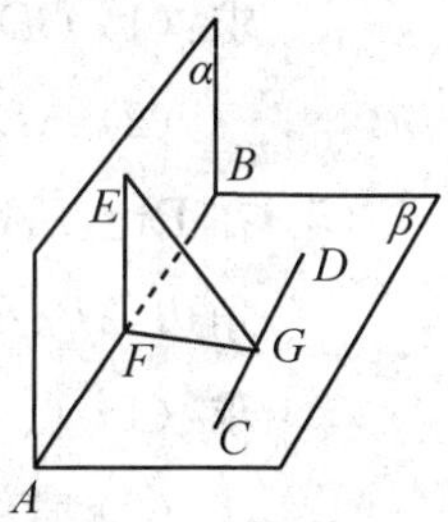

图 4-32

解　在平面 α 内过 E 作 $EF\perp AB$，F 为垂足.

因为 $\alpha\perp\beta$，所以 $EF\perp\beta$.

在平面内 β 过 F 作 $FG\perp CD$，G 为垂足，连接 EG，则 $EG\perp CD$.

在 Rt△ EFG 中，$EF=12$，$FG=3.5$，

故 $EG=\sqrt{EF^2+FG^2}=\sqrt{12^2+3.5^2}=12.5$(cm).

练习 4-4

1. 判断题.

(1) 分别在两个平行平面内的两条直线互相平行. （ ）

(2) 如果一个平面内的一条直线平行于另一个平面，那么这两个平面互相平行. （ ）

(3) 如果一个平面内两条平行线分别平行于另一个平面内的两条直线，那么这两个平面平行. （ ）

(4) 如果一个平面内的两条相交直线分别平行与另一个平面内的两条直线，那么这两个平面平行. （ ）

(5) 过平面外一点，作和这个平面垂直的平面，能且只能作一个. （ ）

(6) 垂直于同一个平面的两个平面互相平行. （ ）

(7) 垂直于同一条直线的两个平面互相平行. （ ）

(8) 如果两个平面互相平行，那么其中一个平面内的任何直线都平行于另一个平面. （ ）

2. 在 45° 的二面角的一个面内有一个点，它到另一个面的距离是 5 cm，求这点到棱的距离.

3. 四面体 $ABCD$ 中，$AC=BD$，E、F、G、H 分别为 AB、BC、CD、DA 的中点，求证：四边形 $EFGH$ 是菱形.

4. 在 $\triangle BCD$ 所在平面 α 内有一点 E，$BE=7$ cm，A 为平面 α 外的一点，$AB\perp BC$，$AB\perp BD$，且 $AB=5$ cm.

求：(1) CD 与 AB 所成的角；

(2) AE 的长（精确到 0.1 cm）.

5. 在 $\mathrm{Rt}\triangle BAC$ 所在平面 α 外有一点 P，这点和直角顶点 A 的距离为 23 cm，和两条直角边 AB、AC 的距离都是 17 cm.

求：(1) 点 P 到平面 α 的距离；

(2) 直线 PA 与平面 α 所成的角.

∗4.5　空间图形

你是否曾注意到你的生活中有如此漂亮的图形吗？你认识它们吗？你想了解它们的结构吗？那就让我们一起来走进它们的世界吧！

图 4-33

4.5.1　多面体

多面体是指三维空间中由平面和直边组成的几何形体. 英文 polyhedron 源于古希腊语 πολύεδρον，由 poly-（词根 πολύς，多）和-edron（ἕδρα，基底、底、面）构成，即意为“多面体”. 然而，“由平面和直边组成的有界体”的定义方式并不明确，对现代数学而言更是不合格. 克罗地亚数学家 Grünbaum 曾评论道：“多面体理论的原罪可追溯至欧几里得，还有之后的开普勒、庞索、柯西等各个时期. 数学家们都未能准确定义何谓“多面体”.

定义　由多个多边形围成的封闭几何体叫做多面体. 如图 4-34 所示的几何体都是多面体.

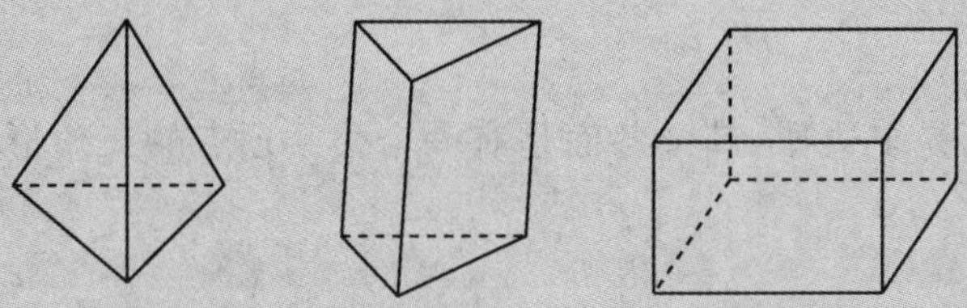

(a)　(b)　(c)

图 4-34

围成多面体的各个多边形叫做**多面体的面**，每两个相邻的面的交线叫做多面体的**棱**. 棱与棱的交点叫做多面体的**顶点**. 不在同一平面的两个顶点之间的连线叫做多面体的**对角线**.

多面体至少具有四个面，按它的面数分别叫做四面体、五面体、六面体等(如图 4-34). 常见的多面体有棱柱、棱锥、棱台等.

1. 棱柱

定义 有两个平面互相平行，其余各相邻的两个面的交线都互相平行的多面体，称为棱柱.

互相平行的两个面叫做棱柱的**底面**；其余各面叫做棱柱的**侧面**；两相邻的交线叫做棱柱的**侧棱**；两底面间的距离叫做棱柱的**高**；经过不在同一侧面的任意两条侧棱所作的截面叫做棱柱的**对角截面**. 垂直于棱柱的侧棱(或延长线)的截面叫做这个棱柱的**直截面**.

侧棱与底面不垂直的棱柱叫做**斜棱柱**；侧棱与底面垂直的棱柱叫做**直棱柱**；底面是正多边形的直棱柱叫做**正棱柱**.

正棱柱有如下性质：

(1) 侧棱互相平行，且与高相等；

(2) 侧面都是全等的矩形；

(3) 两个底面是全等的正多边形.

【例 4-9】 如图 4-35 所示，已知直棱柱 $ABC-A_1B_1C_1$ 的底面为等腰三角形，$AB=BC=7$ cm，$AC=2$ cm，过 AC 作一截面 ACD，与底面 ABC 成60°的二面角，与侧棱 BB_1 交于 D，求线段 BD 的长.

解 过 B 作 $BE\perp AC$，连结 DE，显然$\angle DEB=60^\circ$. 在 Rt$\triangle BEC$ 中，

因为 $BC=7$，$EC=\frac{1}{2}AC=1$

所以 $BE=\sqrt{BC^2-EC^2}=\sqrt{7^2-1^2}=4\sqrt{3}$

在 Rt$\triangle DBE$ 中，

得 $BD=BE\tan\angle DEB=4\sqrt{3}\tan 60^\circ=12$(cm)

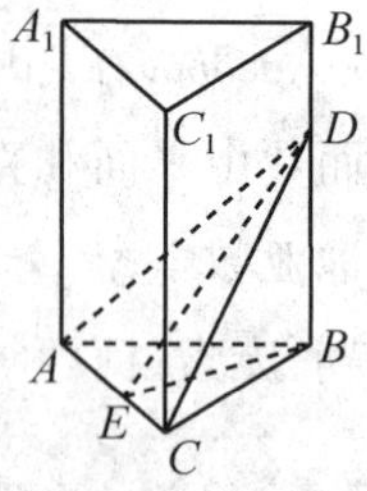

图 4-35

2. 棱锥

定义 有一个面是多边形，其余各面是有一个公共顶点的三角形，这样的多面体叫做棱锥.

如图 4-36，多边形的面叫做棱锥的底面；其余三角形的面叫做棱锥的侧面；两相邻侧面的交线叫做棱锥的侧棱；各侧面的公共点叫做棱锥的**顶点**；从顶点到底面的距离叫做棱锥的**高**；经过不在同一侧面内的任意两条侧棱的截面叫做棱锥的**对角截面**；如果棱锥的底面是正多边形，并且顶点在底面的射影是底面正多边形的中心，这样的棱锥称为**正棱锥**. 以棱锥底面多边形的边数来分，有三棱锥、四棱锥、五棱锥等.

如弓箭头、三棱刮刀. 其实所有长方体的物体切下的的角都是三棱锥.

如图 4-36. 棱锥可表示为 $S-ABCDE$，有时也用顶点的一个字母表示. 如棱锥 S.

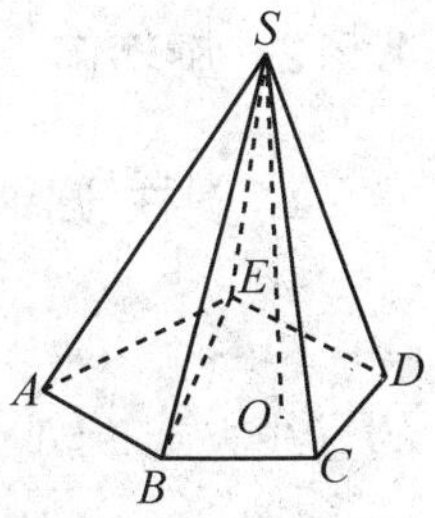

图 4-36

正棱锥主要有如下几个性质：

(1) 侧棱都相等；

(2) 侧面都是全等的等腰三角形，这些等腰三角形的底边上的高相等，这个高叫做正棱锥的高，如上图中的 SO；

(3) 顶点和底面中心的连线垂直于底面；

(4) 侧棱和底面所成的角都相等，侧面和底面所成的二面角都相等.

3. 棱台

定义　用一个平行截面区截圆锥，底面和平行截面间的部分叫做**棱台**.

如图 4-37 所示，这两个平行的面叫做棱台的**底面**，原棱锥的底面叫做**下底面**，平行截面叫做**上底面**；其余的面叫做棱台的**侧面**；两相邻侧面的交线叫做棱台的**侧棱**；两底面之间的距离叫做棱台的**高**，经过不在同一侧面内的任意两条侧棱的截面叫做棱台的**对角截面**；由正棱锥截得的棱台叫做**正棱台**.

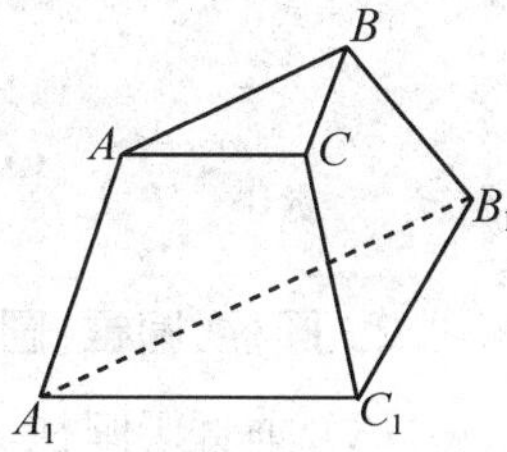

图 4-37

正棱台主要有以下几个性质：

(1) 侧棱都相等；

(2) 各侧面都是全等的等腰梯形，这些等腰梯形的高都相等，这个高叫做正棱台的斜高；

(3) 上底面和下底面是相似的正多边形；

(4) 侧棱和底面所成的角都相等，侧面和底面所成的二面角都相等；

(5) 两底面中心的连线垂直于底面，这条连线的长就是正棱台的高.

【例 4-10】　已知正四棱台的高为 17 cm，两底面的边长分别为 4 cm和 16 cm. 求此棱台的斜高.

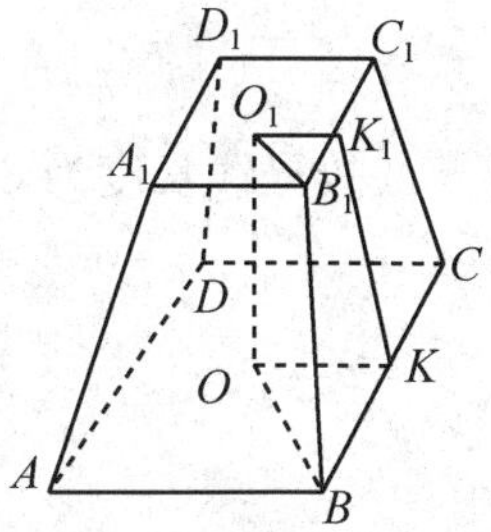

图 4-38

解　如图 4-38 所示的正四棱台，K_1、K 分别是 B_1C_1、BC 的中点.

已知 $OO_1=17$ cm，$B_1C_1=4$ cm，$BC=16$ cm. 在直角梯形 OKK_1O_1 中

$O_1K_1=2, OO_1=17, OK=8$

故斜高

$$KK_1=\sqrt{(OO_1)^2+(OK-O_1K_1)^2}$$
$$=\sqrt{17^2+(8-2)^2}$$
$$=5\sqrt{13}\,(\text{cm})$$

4.5.2 旋转体

1. 圆柱、圆锥、圆台的概念

定义 分别以矩形的一边、直角三角形的一条直角边、直角梯形垂直于底边的腰所在的直线为旋转轴，旋转一周而形成的几何体分别叫做**圆柱**、**圆锥**、**圆台**；旋转轴叫做它们的**轴**；在轴上的边的长度叫做它们的**高**；垂直于轴的边旋转而成的圆面叫做它们的**底面**；不垂直于轴的边旋转而成的曲面佳作它们的**侧面**；无论旋转到什么位置，这条边叫做侧面的**母线**，如图 4-39.

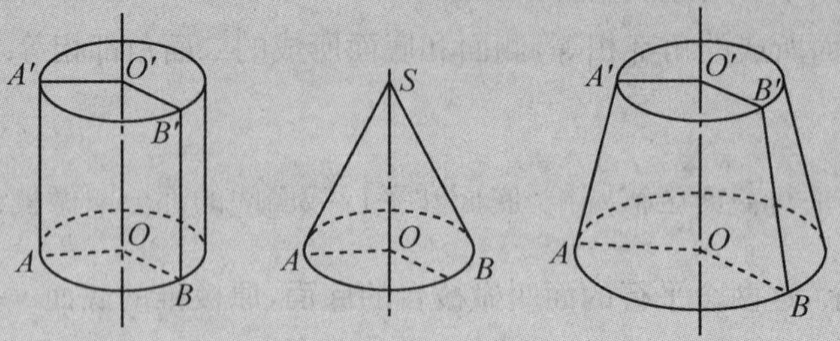

图 4-39

2. 圆柱、圆锥、圆台的性质

(1) 垂直于圆柱、圆锥、圆台的轴的截面都是圆面，且与底面平行；

(2) 过圆柱、圆锥、圆台的轴的截面，分别是矩形、等腰三角形、等腰梯形.

【例 4-11】 圆锥的母线和底面所成的角为 30°，它的高为 4，求圆锥母线的长度和底面积.

解 如图 4-40 所示，设母线长为 l，底面半径为 R，高为 H，在△AOB 中，

$$AO=4, l=\frac{H}{\sin 30^\circ}=8$$

$$R=H\cot 30^\circ=4\sqrt{3}$$

故母线长度为 8，底面积为 $\pi(4\sqrt{3})^2=48\pi$

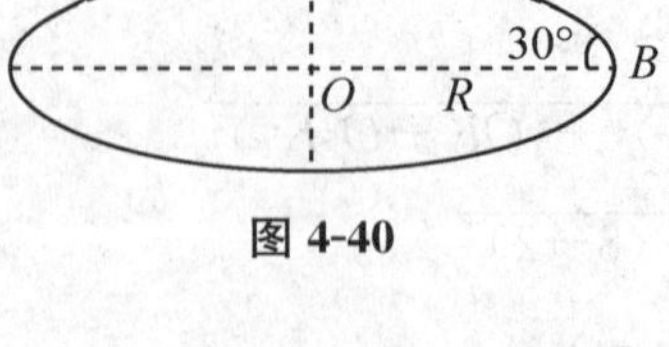

图 4-40

3. 球

定义 一个半圆面绕着它的直径旋转一周所形成的几何体叫做**球**；一个半圆弧绕着它的直径旋转一周所得的面叫做**球面**；半圆面的圆心叫做**球心**；连接球心和球面上的任意一点的线段叫做**球半径**；连接球面上任意两点的线段叫做球的**弦**；过球心的弦叫做球的**直径**.

用一个平面去截一个球，截面是圆面，球面被经过球心的平面截得的圆叫做大圆；在球面上，两点之间最短连线的长度，就是经过这两点的大圆在这两点间的一段劣弧的长度，我们称这段弧长为两点的球面距离. 想一想地球上经线所在的圆和纬线中哪些是大圆？

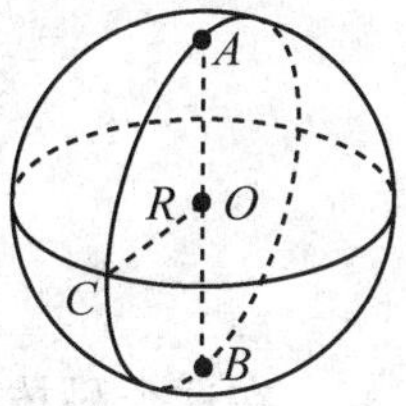

图 4-41

4.5.3 有关多面体和旋转体的计算公式

多面体和旋转体的侧面积、体积公式如表 4-1 所示.

表 4-1

名称	侧面积公式	体积公式	备注
直棱柱	$s_{侧}=ch$	$V=ch$	c：底周长，h：高，s：底面积
正棱锥	$s_{侧}=\frac{1}{2}cl$	$V=\frac{1}{3}sh$	c：底周长，l：斜高 h：高，s：底面积
正棱台	$s_{侧}=\frac{1}{2}(c+c')l$	$V=\frac{1}{3}h(s+\sqrt{ss'}+s')$	c、c'：上下底周长，l：斜高，h：高，s、s'：上下底面积
圆柱	$s_{侧}=2\pi rh$	$V=\pi r^2 h$	r：底半径，h：高
圆锥	$s_{侧}=\pi rl$	$V=\frac{1}{3}\pi r^2 l$	r：底半径，h：高，l：母线
圆台	$s_{侧}=\pi(r+R)l$	$V=\frac{1}{3}\pi h(r^2+rR+R^2)$	r，R：底半径，h：高，l：母线
球	$s_{侧}=4\pi R^2$	$V=\frac{4}{3}\pi R^3$	R：球半径

练习 4-5

1. 判断题.

(1) 只要上下底面平行，其余面为梯形的多面体必定是棱台. ( )

(2) 正棱锥的平行截面垂直于棱锥的高. ( )

(3) 圆柱的高和母线相等. ( )

(4) 圆锥的平行截面不一定是圆. ( )

2. 正三棱锥底面的边长是 6 cm,侧棱长为 5 cm,试求其全面积和体积(精确到 0.1 cm).

3. 一个正三棱台,它的侧棱长为 10 cm,两底面的边长分别为 6 cm 和 18 cm,求它的侧面积.

4.6 立体几何的应用

在这个科技高速发展的时代中,几何图形已经成了生活中的"常客",处处都有几何图形的身影,比如说:三角形的自行车架,圆形的窨井盖和汽车轮子,圆柱型的花盆等等,这种种说明几何图形与我们的生活是息息相关的,是不可分割的.

【例 4-12】 如图 4-42,正方体 $ABCD-A_1B_1C_1D_1$ 中,E、F 为棱 AD、AB 的中点.

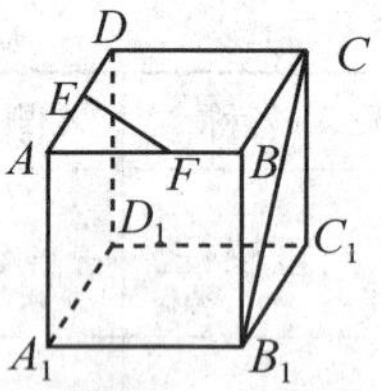

图 4-42

(1) 求证:$EF /\!/$ 平面 CB_1D_1;

(2) 求证:平面 $CAA_1C_1 \perp$ 平面 CB_1D_1;

(3) 如果 $AB=1$,一个点从 F 出发在正方体的表面上依次经过棱 BB_1、B_1C_1、C_1D_1、D_1D、DA 上的点,又回到 F,指出整个线路的最小值并说明理由.

解 (1) 证明:连结 BD. 在正方体 AC_1 中,对角线 $BD /\!/ B_1D_1$.

又 E、F 为棱 AD、AB 的中点,

所以 $EF /\!/ B_1D_1$.

又 $B_1D_1 \subset$ 平面 CB_1D_1,$EF \subset$ 平面 CB_1D_1,

所以 $EF /\!/$ 平面 CB_1D_1.

(2) 证明:Q 在正方体 AC_1 中,$AA_1 \perp$ 平面 $A_1B_1C_1D_1$,

而 $B_1D_1 \subset$ 平面 $A_1B_1C_1D_1$,所以 $AA_1 \perp B_1D_1$

又 Q 在正方形 $A_1B_1C_1D_1$ 中,$AC_1 \perp B_1D_1$,所以 $B_1D_1 \perp$ 平面 CAA_1C_1.

又 $B_1D_1 \subset$ 平面 CB_1D_1,所以平面 $CAA_1C_1 \perp$ 平面 CB_1D_1.

(3) 将正方体六个面展开,从图中 F 出发回到 F,两点之间线段最短,而且依次经过棱 BB_1、B_1C_1、C_1D_1、D_1D、DA 上的中点,所求的最小值为 23.

在生活中几何图形的应用真是无处不在,人们利用几何图形的种种特性来方便我们生活. 就如罗丹说的:"生活中不是没有美,而是缺少发现美的眼睛". 所以,生活中不是没有数学,而是看你有没有去发现它了.

练习 4-6

同学们,运用所学的知识,写一篇描述立体几何在生活中的应用的文章吧.

本 章 小 结

一、主要内容

1. 平面的基本性质

三个公理:

(1) 如果一条直线上的两个点在一个平面内,那么这条直线上的所有点都在该平面内.

(2) 如果两个平面有一个公共点,那么它们相交于经过这点的一条直线.

(3) 经过不在同一直线上的三点可以作一个平面,并且只可以作一个平面.

三个推论:

(1) 一条直线和这条直线外一点可以确定一个平面.

(2) 两条相交的直线可以确定一个平面.

(3) 两条平行直线可以确定一个平面.

2. 空间直线

空间两条直线的位置关系有三种:平行直线;相交直线;异面直线.

性质:

(1) 空间中平行于同一条直线的两条直线互相平行.

(2) 如果空间两个角的两边对应平行且方向相同,那么这两个角相等.

3. 直线和平面

直线和平面的位置关系有三种:

(1) 直线在平面内——有无数个公共点;

(2) 直线和平面平行——没有公共点;

(3) 直线和平面相交——只有一个公共点.

直线和平面平行:

判定：如果平面外一条直线平行于这个平面内的一条直线，那么这条直线就和这个平面平行. 即“线线平行，线面平行”.

性质：如果一条直线和一个已知平面平行，那么过这条直线的平面与已知平面的交线和这条直线平行（即“线面平行，线线平行”）.

直线和平面垂直：

如果一条直线与平面内任何一条直线都垂直，那么称这条直线和这个平面互相垂直.

判定：如果一条直线和平面内的两条相交直线都垂直，那么这条直线就垂直于这个平面.

性质：如果两条直线同垂直于一个平面，那么这两条直线互相平行.

三垂线定理及其逆定理：

平面内的一条直线，如果和一条斜线在这个平面内的射影垂直，那么它也和这条斜线垂直. 反之，平面内的一条直线，如果和这个平面的一条斜线垂直，那么它和这条斜线的射影垂直.

4. 平面与平面

空间两个不重合的平面，它们的位置关系有两种：

两个平面平行——没有公共点；

两个平面相交——有一条公共直线.

平面与平面平行：

判定：如果一个平面内有两条相交直线都平行于另一个平面，那么这两个平面平行.

性质：如果两个平行平面分别和第三个平面相交，那么它们的交线平行.

二面角及其平面角：

由一条直线引出的两个半平面组成的图形叫做二面角. 这条直线叫做二面角的棱，这两个半平面叫做二面角的面.

以二面角的棱上任意一点为端点，分别在二面角的两个半平面内作垂直于棱的两条射线，这两条射线所成的角叫做二面角的平面角.

平面与平面垂直：

两个平面相交，如果所成的二面角是直二面角，那么就称这两个平面互相垂直.

判定：如果一个平面经过另一个平面的一条垂线，那么这两个平面互相垂直.

性质：如果两个平面互相垂直，那么在一个平面内垂直于它们交线的直线，必垂直于另一个平面.

5. 多面体

正棱柱有如下性质：

(1) 侧棱互相平行，且与高相等；

(2) 侧棱都是全等的矩形；

(3) 两个底面是全等的正多边形.

正棱台主要有以下几个性质：

(1) 侧棱都相等；

(2) 各侧面都是全等的等腰梯形，这些等腰梯形的高都相等，这个高叫做正棱台的斜高；

(3) 上底面和下底面是相似的正多边形；

(4) 侧棱和底面所成的角都相等，侧面和底面所成的二面角都相等；

(5) 两底面中心的连线垂直于底面，这条连线的长就是正棱台的高.

圆柱、圆锥、圆台的性质：

(1) 垂直于圆柱、圆锥、圆台的轴的截面都是圆面，且与底面平行；

(2) 过圆柱、圆锥、圆台的轴的截面，分别是矩形、等腰三角形、等腰梯形.

二、应注意的问题

1. 要摆脱以往平面思维的约束，善于用立方体方式去观察、分析空间的图形，培养空间想象能力，形成立体思维习惯.

2. 要注意区别：

(1) 点到直线的距离与点到平面的距离；

(2) 平行直线间的距离，与平面平行的直线到平面的距离，以及平行平面之间的距离；

(3) 异面直线所成的角，斜线与平面所成的角；

(4) 两平面所成的二面角及其平面角.

3. 将空间问题转化为平面问题时，以下关系经常用到：平面的斜线、斜线的射影、斜线上点向平面作的垂线所构成的直角三角形关系.

4. 注意掌握正棱柱、正棱锥以及旋转体的相关知识.

复习题 4

1. 判断题.

(1) 异面直线必不相交.　(　　)

(2) 一条直线平行于一个平面，就和该平面的任一条直线都平行.　(　　)

(3) 若两个平面同时垂直于第三个平面，则这两个平面平行.　(　　)

(4) 如果两条直线在同一平面内的射影互相平行，那么这两条直线也互相平行. ( )

(5) 两个平面只要有三个点重合，那么这两个平面一定重合. ( )

(6) 平行于同一个平面的两个平面互相平行. ( )

(7) 过平面外一点，作这个平面的垂直平面，有且只有一个. ( )

(8) 在空间分别位于两个不同平面的两条直线为异面直线. ( )

(9) 如果两平面同时平行于一条直线，那么这两个平面互相平行. ( )

2. 填空题.

(1) 直线 l 与平面 α 同时垂直于另一直线，那么 l 与 α 的关系为________.

(2) 已知正方体 $ABCD-A'B'C'D'$，直线 AC' 与直线 BC 的夹角等于________.

(3) 如果直线 l 与平面 α 内的两条相交直线都垂直，那么 l 与平面 α 的位置关系是________.

(4) 已知正方体 $ABCD-A_1B_1C_1D_1$，直线 AC_1 与平面 A_1C_1 的夹角等于________.

(5) 已知正方形 $ABCD$ 的边长为 a，$PA\perp$ 平面 $ABCD$ 且 $PA=b$，则 $PC=$________.

3. 选择题.

(1) 下列条件可以确定一个平面的是( ).

A. 两条直线　　B. 三个点

C. 一条直线与线外一点　　D. 两两相交的三条直线

(2) 过一点与已知直线垂直的直线有( ).

A. 一条　　B. 两条　　C. 三条　　D. 无数条

(3) 正方体的一条对角线与正方体的棱组成的异面直线的对数是( ).

A. 2　　B. 3　　C. 6　　D. 12

(4) 以下命题不正确的是( ).

A. 平行于同一平面的两个平面互相平行.

B. 空间两条直线没有公共点，一定平行.

C. 垂直于同一平面的两条直线互相平行.

D. 平行于同一直线的两个平面互相平行.

4. 已知二面角 $\alpha-AB-\beta$，$C\in\alpha$，$CD\perp\beta$，D 为垂足，$DE\perp\alpha$，E 为垂足，求证：$CE\perp AB$.

5. 在两个互相垂直的平面 α 和 β 交线上有两个已知点 A 和 B，AC 和 BD 分别是这两个平面内垂直于 AB 的线段，已知 $AC=6$ cm，$AB=8$ cm，$BD=24$ cm，，求 CD 的长.

6. 两个平行平面之间的距离等于 2 m，一直线和它们相交成 60°角，求直线夹在两个平面之间的线段的长.

7. 正三棱锥的底面边长为 a，高是 $2a$，求它的体积.

趣味阅读

几何学大师欧几里得

今天我为大家介绍的是几何大师——欧几里得．我们先来了解一下他的生前事迹．

我们现在学习的几何学，就是由古希腊数学家欧几里德（公元前 330—公元前 275）创立的。他在公元前 300 年编写的《几何原本》，2000 多年来都被看作学习几何的标准课本，所以称欧几里德为几何之父。

在公元前 337 年，马其顿国王菲力二世用武力征服了希腊各城邦．次年亚历山大即位，在很短的时间内，他继承父业，开创了一个横跨欧、亚、非三大陆的马其顿王国．在地中海沿岸的尼罗河三角洲上，亚历山大建立了以他名字命名的城市—亚历山大城，并把它作为这个庞大帝国的文化、商业和工业中心，同时也是科学思想的中心．这儿有称誉世界拥有 70 万卷藏书的图书馆，还有博物馆、天文台和闻名天下的博学园，成为当时欧洲乃至世界数学的中心．欧几里得就是被亚历山大的后继者——托勒密一世重金聘请到博学园的教师．

古希腊的数学研究有着十分悠久的历史，曾经出过一些几何学著作，但都是讨论某一方面的问题，内容不够系统。欧几里德汇集了前人的成果，采用前所未有的独特编写方式，先提出定义、公理、公设，然后由简到繁地证明了一系列定理，讨论了平面图形和立体图形，还讨论了整数、分数、比例等等，终于完成了《几何原本》这部巨著。

欧几里得本人始终是个难解的秘密．无人知道他的生死年月和诞生地，惟一可以确定的是他在托勒密一世（公元前 305 年至公元前 285 年）执政期间在亚历山大城工作过．根据一些间接的记载推测，欧几里得早年可能在雅典接受过教育，而且曾就学、工作于柏拉图学院，因此熟知希腊的数学知识．

我们来看两个有关欧几里得的故事．第一个故事是：有一天，托勒密国王问欧几里得，除了他的《几何原本》之外，有没有其他学习几何的捷径．欧几里得回答道："几何无王者之道．"意思是在几何学里，没有专门为国王铺设的大路．这句话后来被引申为"求知无坦途"，成为千古传诵的箴言．另一个故事说：一个学生才开始学习第一个几何命题，就问学了几何之后将得到些什么．欧几里得说："给他三个钱币让他走吧，因为他只想在学习中获取实利．"从古籍记载的这两则故事可知，欧几里得主张学习必须循序渐进、刻苦钻研，不赞成投机取巧、急功近利的作风．

欧几里得是一个杰出的科学家，他标志着当时的科学中心从雅典过渡到了亚历山大城．欧几里得的名字与几何学是不可分割的，因为他写了一本几何教科书《几何原本》，此书至今还是几何学的权威著作，当然也经过一些修改．印刷术发明后，出过一千多版．"我学了欧几里得"就是"我学了几何学"的同义语，这句话并非很久以前说的．所以，欧几里得是最成功的不朽的几何教科书作者．然而欧几里得作为一位数学家的盛名，并非由于他本人的研究成果．在他书中，只有极少的定理是他自己创立的．他所做的一切，以及使他成为伟大的数学家的，就在于他利用了泰勒斯时代以来积累的数学知识，把两个半世纪的劳动成果条理化、系统化，并且编纂成了一本著作．在编写此书时，他一开始就推出一系列令人钦佩的简要而精致的公理和公式.然后他将定理一一排列,其逻辑性非常强,几乎无须改进.

历来公认归功于欧几里得本人的惟一定理,就是他为毕达哥拉斯定理提出的证明.虽然他的这一伟大论著主要涉及几何学,但也提出了比率和比例的问题,以及现在为大家所知的数论问题,正是欧几里得证明了素数是无限的.他还通过一系列干脆利落至今尚未作过任何改进的论证,证明了2的平方根是无理数.他还通过将光视为直线,使光学成为几何学的一部分.当然欧几里得并没有概括希腊的全部数学,甚至也没有概括全部几何学.继他之后,希腊数学在相当长时期内,一直生气蓬勃,像阿波洛尼乌斯和阿基米德等人,都为数学增添了一大笔财富.

后来的哥白尼、开普勒、伽利略、牛顿这些卓越的科学人物,统统都接受了欧几里得的传统.他们都认真地学习过欧几里得的《几何原本》,并使之成为他们数学知识的基础.欧几里得对牛顿的影响尤为明显.牛顿的《数学原理》一书,就是按照类似于《几何原本》的"几何学"的形式写成的.自那以后,许多西方的科学家都效仿欧几里得,说明他们的结论是如何从最初的几个假设推导出来的.许多数学家,像伯莎德·罗素、阿尔弗雷德·怀特海,以及一些哲学家,如斯宾诺莎也都如此.

和古希腊的大多数学者一样,欧几里德对于他的科学研究的"实际"价值是不大在乎的.他喜爱为研究而研究.他羞怯谦恭,与世无争,平静地生活在自己的家里.在那个到处充满勾心斗角的世界里,对于人们吵吵闹闹所作出的俗不可耐的表演,则听之任之.他说:"这些浮光掠影的东西终究会过去,但是,星罗棋布的天体图案,却是永恒地肖然不动."

除《几何原本》外,欧几里得还有不少著作,如《已知数》、《图形的分割》、《纠错集》、《圆锥典线》、《曲面轨迹》、《观测天文学》等,可惜大都失传了.不过,经过两千多年的历史考验,影响最大的仍然是《几何原本》.

好了,下面我们从最简单最有趣的正多面体里来认识欧几里德.(也不妨动动手,看您能做出这些正多面体吗)

什么是正多面体呢?所谓正多面体,是指多面体的各个面都是全等的正多边形,并且各个多面角都是全等的多面角.例如,正四面体(即正棱锥体)的四个面都是全等的三角形,每个顶点有一个三面角,共有三个三面角,可以完全重合,也就是说它们是全等的.

欧几里德提出,在空间中只存在5种正多面体,多一种也没有,你知道他们是什么吗?

正四面体、正六面体、正八面体、正十二面体、正二十面体五种.其中面数最少的是正四面体,面数最多的是正二十面体.

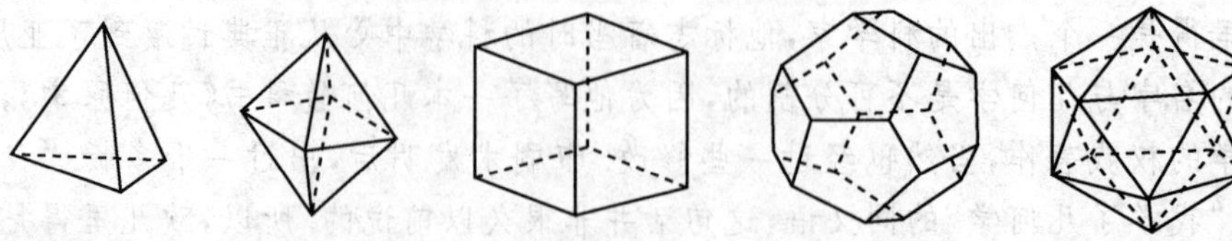

正四面体 正八面体 正六面体 正十面体 正二十面体

下面介绍两种正面体.

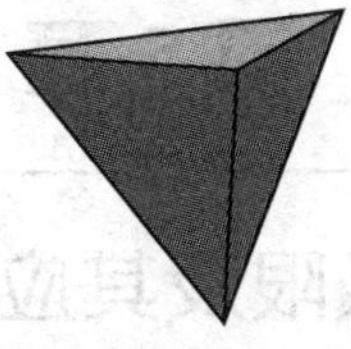

正四面体,自然界中,晶体硅、甲烷都是正四面体的空间网状结构的原子晶体.

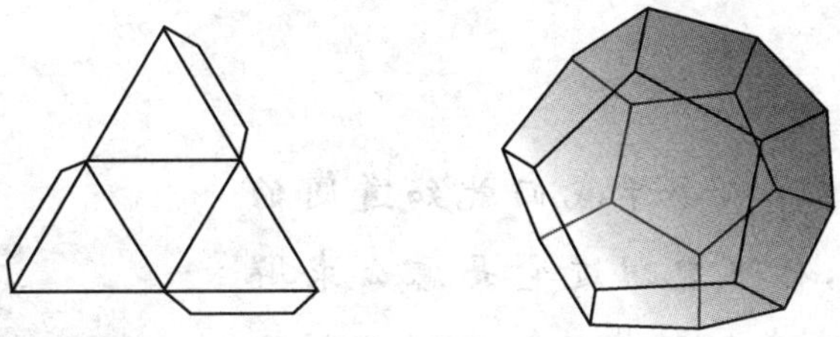

折纸图,动动手试试.

正十二面体,自然界中有哪些物质是正十二面体呢?最小的富勒烯C_{20}结构如正十二面体,人工合成的碳氢化合物$C_{20}H_{20}$也是.

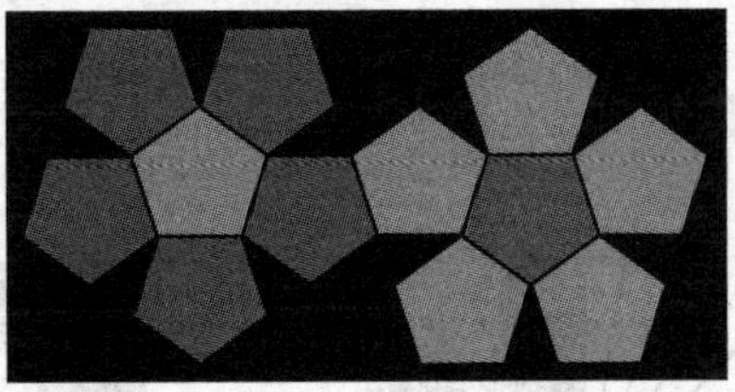

展开后的正十二面体

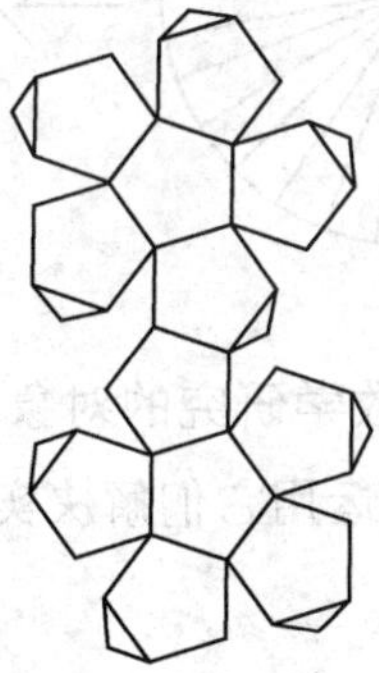

折纸图,动动手.

这是一个很有趣的立体构成,因为是十二个面,所以有的DIY高手用它来做年历,刚好是12个月,很有意思吧,它还能作成什么呢,动动脑筋吧.

第5章

极限及其应用

同学们，从小学我们就知道圆的面积公式，你可曾想过它是怎么求解出来的么？我们聪慧的祖先利用割圆术的方法，也就是极限的思想得到了圆的面积计算公式. 他们真是太伟大了.

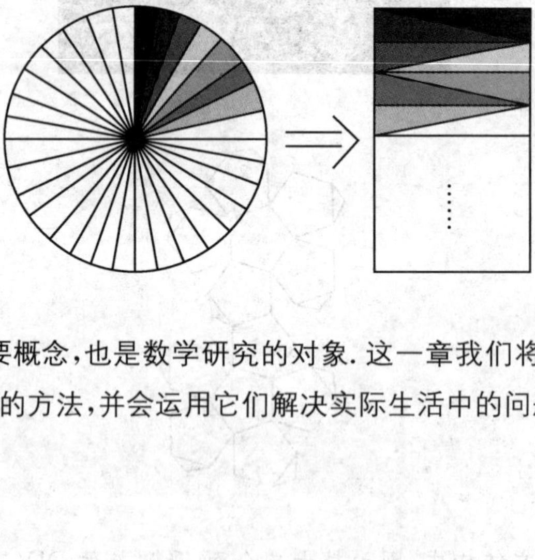

函数是数学中的重要概念，也是数学研究的对象. 这一章我们将学习极限的概念，并研究极限的性质，掌握一定的方法，并会运用它们解决实际生活中的问题.

5.1　函数的相关定义

在讲解极限的定义前，先复习一下函数的相关定义.

5.1.1　函数的概念及性质

1. 函数的概念

简单地说，函数就是一种反映事物之间相互依存关系的数学模型. 在以往的学习中，我们已经初步接触到函数，现在人们用的比较多的是德国数学家狄利克雷于 1837 年提出的函数概念.

设有两个变量 x 和 y，若当变量 x 在非空实数集 D 内，任意取定一个数值时，变量 y 按照一定的规律 f，有唯一确定的值与之对应，则称 y 是 x 的函数，记作：

$$y=f(x),x\in D$$

其中变量 x 称为自变量，变量 y 称为函数(或因变量). 自变量的取值范围 D 称为函数的定义域. 全体函数值的集合称为函数 f 的值域，记作 $f(D)$. 即：

$$f(D)=\{y|y=f(x),x\in D\}.$$

由函数的定义，不难看出，定义域和对应法则一旦确定，这个函数就确定了，因而定义域和对应法则称为函数的两要素，它们也是判断两个函数是否相同的依据.

例如：$f(x)=\frac{x-1}{x^2-1}$ 与 $g(x)=\frac{1}{x+1}$ 不同；

$f(x)=x$ 与 $g(x)=\sqrt{x^2}$ 不同；

$f(x)=\sin^2 x+\cos^2 x$ 与 $g(x)=1$ 相同；

$f(x)=x^2+1$ 与 $g(t)=t^2+1$ 相同.

确定函数的定义域有两种方法：

(1) 当函数是由解析式 $y=f(x)$ 给出时，其定义域即是使解析式有意义的 x 的集合，具体的可由以下原则来确定：

①分式的分母不能为 0；

②偶次根式被开方式应非负；

③对数式的真式部分应大于 0；

④三角式、反三角式应符合各自的定义域；

⑤综合式应是使各部分都有意义的 x 的集合，亦即是其中各部分定义域的交集.

(2) 由实际问题给出的函数应由实际问题的意义来确定,如:在匀变速直线运动中路程与时间的关系:$s=\frac{1}{2}at^2+v_0t+s_0(t>0)$.

【例 5-1】 求函数 $y=\sqrt{4-x^2}+\ln(x^2-1)$的定义域.

解 这是两个函数之和的定义域,先分别求出每个函数的定义域后求公共部分,故须满足:

$$4-x^2\geqslant 0 \text{ 且 } x^2-1>0$$

即:

$$-2\leqslant x\leqslant 2 \text{ 且 } x<-1 \text{ 或 } x>1$$

所以所求函数的定义域为:

$$[-2,-1)\cup(1,2].$$

【例 5-2】 若函数 $f(x)$的定义域为$(1,2)$,则函数 $f(x^2+1)$的定义域为多少?

解 因为函数 $f(x)$的定义域为$(1,2)$,

所以得出: $1<x^2+1<2$,

即: $0<x^2<1$,

所以函数 $f(x^2+1)$的定义域为:$(-1,0)\cup(0,1)$.

2. 函数的表示法

函数图象既可以是连续的,也可以是直线、折线、离散的点等组成的. 因而函数的表示法也不止一种,我们常用的表示法有解析法(或称公式法)、列表法、图象法.

(1) 列表法:通过列出自变量与对应的函数值的表来表达函数关系的方法.

列表法的优点是不必通过计算就知道当自变量取某些值时函数的对应值. 缺点是只用于自变量为有限个的函数.

(2) 解析法:用等式来表示两个变量之间函数关系的方法.

解析法的优点是函数关系清楚,容易从自变量的值求出其对应的函数值,便于用解析式来研究函数的性质. 缺点是一些实际问题很难找到它的解析式.

(3) 图象法:用图象表示两个变量之间函数关系的方法.

图象法的优点是能直观形象地表示出函数的变化情况. 缺点是只能近似地反映函数的变化情况.

3. 函数的性质

(1) 奇偶性

若函数 $f(x)$在关于原点对称的区间 I 上满足 $f(-x)=f(x)$(或 $f(-x)=-f(x)$)则称 $f(x)$为偶函数(或奇函数).

例如:$f(x)=x^2$、$g(x)=x\sin x$ 在定义区间上都是偶函数.

而 $F(x)=x$、$G(x)=x\cos x$ 在定义区间上都是奇函数.

不满足上述两条的为非奇非偶函数，如 $f(x)=x^2+x$.

(2) 单调性

设有函数 $y=f(x)$，$x\in D$，$I\subset D$. 若对任意 $x_1<x_2\in I$，有：

$f(x_1)<f(x_2)$，

则称 $y=f(x)$ 在 I 上单调递增；若有：

$f(x_1)>f(x_2)$，

则称 $y=f(x)$ 在 I 上单调递减.

单调增加或单调减少的函数统称为单调函数，单调增加或单调减少区间统称为单调区间.

(3) 周期性

对于函数 $y=f(x)$，如果存在一个非零常数 T，对一切的 x 均有 $f(x+T)=f(x)$，则称函数 $f(x)$ 为周期函数. 并把 T 称为 $f(x)$ 的周期.

(4) 有界性

若有正数 M 存在，使函数 $f(x)$ 在区间 I 上恒有 $|f(x)|\leqslant M$，则称 $f(x)$ 在区间 I 上是有界函数；否则，称 $f(x)$ 在区间 I 上是无界函数.

如：$y=\sin x$ 在 $(-\infty,+\infty)$ 内有界；$f(x)=\dfrac{1}{x}$ 在 $(1,2)$ 内有界，但在 $(0,1)$ 内无界，由此知，函数的有界性与区间有关.

5.1.2　基本初等函数

我们学习的下面六种函数统称为基本初等函数.

(1) 常值函数(也称常数函数)：$y=c$(其中 c 为常数)；

(2) 幂函数：$y=x^a$(其中 a 为实常数)；

(3) 指数函数：$y=a^x(a>0,a\neq1)$；

(4) 对数函数：$y=\log_a^x(a>0,a\neq1)$；

(5) 三角函数：$y=\sin x$，$y=\cos x$，；

$y=\tan x$，$y=\cot x$；

$y=\sec x$，$y=\csc x$；

其中：$y=\sec x=\dfrac{1}{\cos x}$；$y=\csc x=\dfrac{1}{\sin x}$；

(6) 反三角函数：反正弦函数 $y=\arcsin x$；

反余弦函数 $y=\arccos x$；

反正切函数 $y=\arctan x$；

反余切函数 $y=\mathrm{arccot}\, x$.

现将部分函数的图象和性质总结在如下的表中：

表 5-1

函数	幂函数			
	$a=3$	$a=2$	$a=\frac{1}{2}$	$a=-1$
图象	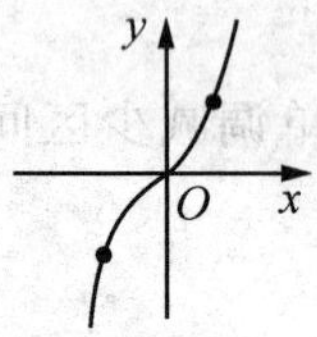	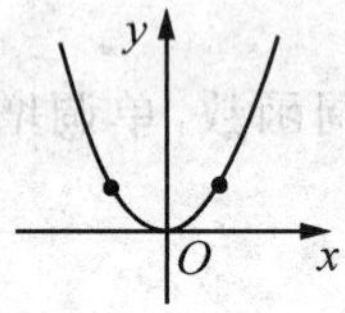	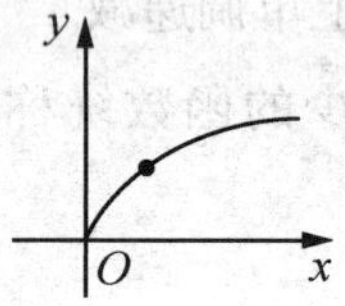	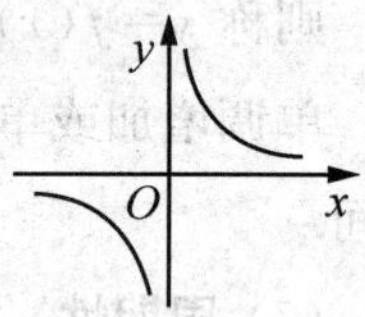
定义域	$(-\infty,+\infty)$	$(-\infty,+\infty)$	$[0,+\infty)$	$(-\infty,0)\cup(0,+\infty)$
值域	$(-\infty,+\infty)$	$[0,+\infty)$	$[0,+\infty)$	$(-\infty,0)\cup(0,+\infty)$
奇偶性	奇函数	偶函数	非奇非偶	奇函数
单调性	单调增	在 $(-\infty,0]$ 内单调减，在 $[0,+\infty)$ 内单调增	单调增	在两个区间内分别单调减
小结	均过 $(1,1)$ 点，因 a 的值不同，图象分布象限不同			

表 5-2

函数	指数函数 $y=a^x$		对数函数 $y=\log_a x$	
	$a>1$	$o<a<1$	$a>1$	$o<a<1$
图象	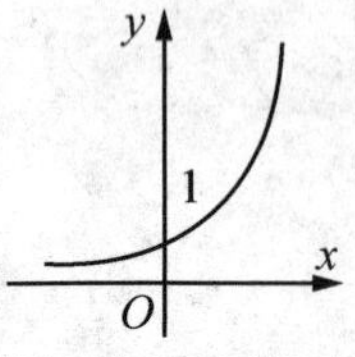	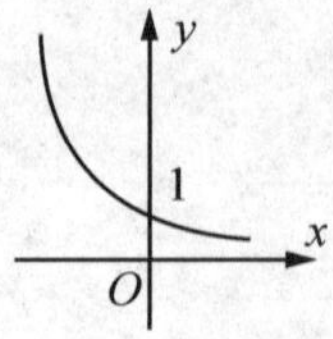	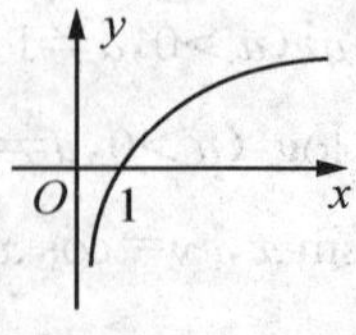	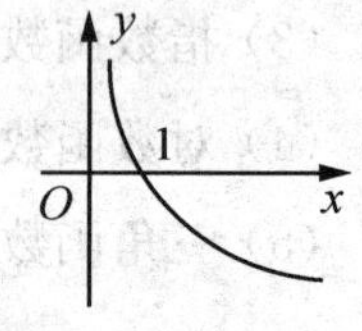
定义域	$(-\infty,+\infty)$	$(-\infty,+\infty)$	$(0,+\infty)$	$(0,+\infty)$
值域	$(0,+\infty)$	$(0,+\infty)$	$(-\infty,+\infty)$	$(-\infty,+\infty)$
单调性	单调递增	单调递减	单调递增	单调递减

表 5-3

函数		$y=\sin x$	$y=\cos x$	$y=\tan x$	$y=\cot x$
图象		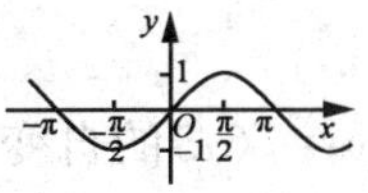	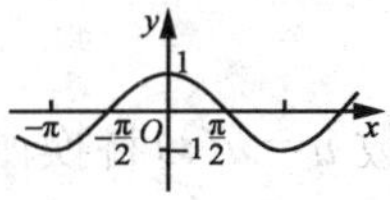	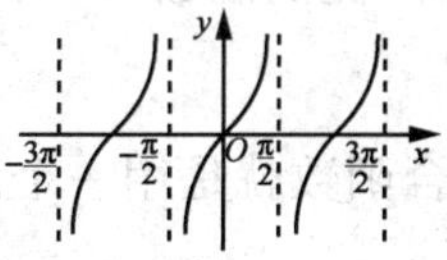	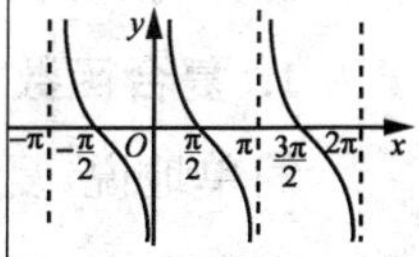
定义域		$(-\infty,+\infty)$	$(-\infty,+\infty)$	$\left(k\pi-\frac{\pi}{2},k\pi+\frac{\pi}{2}\right)$ $(k\in\mathbf{Z})$	$(k\pi,(k+1)\pi)$ $(k\in\mathbf{Z})$
值域		$[-1,1]$	$[-1,1]$	$(-\infty,+\infty)$	$(-\infty,+\infty)$
奇偶性		奇函数	偶函数	奇函数	偶函数
周期性		$T=2\pi$	$T=2\pi$	$T=\pi$	$T=\pi$
单调性	$\left(0,\frac{\pi}{2}\right)$	单调递增	单调递减	单调递增	单调递减
	$\left(\frac{\pi}{2},\pi\right)$	单调递减	单调递减	单调递增	单调递减
	$\left(\pi,\frac{3\pi}{2}\right)$	单调递减	单调递增	单调递增	单调递减
	$\left(\frac{3\pi}{2},2\pi\right)$	单调递增	单调递增	单调递增	单调递减

表 5-4

函数	$y=\arcsin x$	$y=\arccos x$	$y=\arctan x$	$y=\text{arccot}\, x$
图象	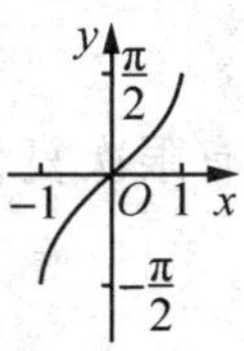	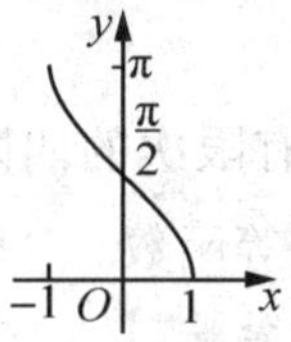	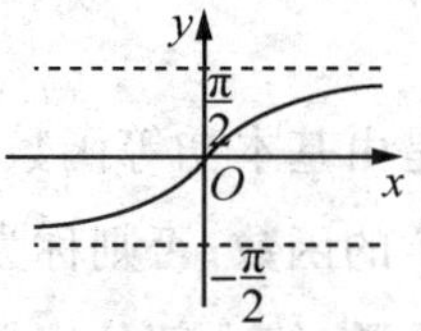	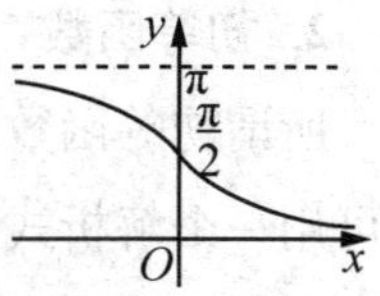
定义域	$[-1,1]$	$[-1,1]$	$(-\infty,+\infty)$	$(-\infty,+\infty)$
值域	$\left[-\frac{\pi}{2},\frac{\pi}{2}\right]$	$[0,\pi]$	$\left[-\frac{\pi}{2},\frac{\pi}{2}\right]$	$[0,\pi]$
单调性	单调递增	单调递减	单调递增	单调递减

5.1.3 复合函数与初等函数

由基本初等函数经过平移、伸缩、加减或者复合可以得到新的函数,我们将介绍由基本初等函数得到的更广泛的函数.

1. 复合函数

简单地说,复合函数就是用一个函数 $u=u(t)$ 替换函数 $y=f(x)$ 的自变量 x 得到的新函数 $y=f[u(t)]$.

例如,$y=\sqrt{\sin x}$ 是由 $y=\sqrt{u}$,$u=\sin x$ 复合而成的复合函数.

下面给出复合函数的定义:

若 $y=f(u)$,$u=\varphi(x)$,当 $\varphi(x)$ 的值域落在 $f(u)$ 的定义域内时,称 $y=f[\varphi(x)]$ 是由中间变量 u 复合成的复合函数.

【例 5-3】 $y=\sqrt{u}$,$u=2+\sin x$ 可复合成 $y=\sqrt{2+\sin x}$.

【例 5-4】 $y=\sqrt{u}$,$u=\sin x-2$ 就不能复合.

【例 5-5】 $y=\sqrt{1-x^2}$ 是由 $y=\sqrt{u}$ 和 $u=1-x^2$ 复合而成.

【例 5-6】 $y=\arcsin(\ln x)$ 是由 $y=\arcsin u$ 与 $u=\ln x$ 复合而成.

注意:(1) $y=f(u)$ 的定义域与 $u=\varphi(x)$ 的值域的交集是非空集合构成复合函数的必要条件,例如:$y=\arcsin u$,$u=2+x^2$ 不可以复合,集合 $D_1=[-1,1]$,$M_2=[2,+\infty)$ 的交集为空集.

(2) 复合函数也可有两个以上的函数复合而成,如:$y=2\cos\sqrt{1-x^2}$ 是由 $y=2\cos u$,$u=\sqrt{v}$ 与 $v=1-x^2$ 复合而成.

(3) 弄清复合函数的复合关系对后面的学习具有重要作用.

2. 初等函数

所谓初等函数就是由基本初等函数经过有限次的四则运算和有限次复合而形成的,并且可用一个解析式表示的函数;否则称为非初等函数.

今后我们讨论的函数,绝大部分都是初等函数.

3. 分段函数

下面给出另一种特殊函数——分段函数的定义.

在定义域的不同区间上有不同的表达式,这样的函数称为分段函数. 如函数

$$f(x)=\begin{cases} x-1 & -3\leqslant x<0 \\ x+1 & 0\leqslant x<2 \end{cases}$$

是一个分段函数.

分段函数表示的是一个函数,而不是几个函数. 显然,分段函数一般不是初等函数,只

有能用一个表达式表示的分段函数才是初等函数，比如：

$$y=\begin{cases}x & x\geqslant 0\\ -x & x<0\end{cases}$$

是分段函数，但是这个函数和 $y=|x|$ 恒等，同学们想一想，这个函数是初等函数吗？

【例5-7】 作出下列函数的图象：$y=|x-2|(x+1)$.

分析：显然直接用已知函数的解析式列表描点有些困难，除去对其函数性质分析外，我们还应想到对已知解析式进行等价变形.

解 当 $x\geqslant 2$ 时，即 $x-2\geqslant 0$ 时，

$$y=(x-2)(x+1)=x^2-x-2=\left(x-\frac{1}{2}\right)^2-\frac{9}{4}$$

当 $x<2$ 时，即 $x-2<0$ 时，

$$y=-(x-2)(x+1)=-x^2+x+2=-\left(x-\frac{1}{2}\right)^2+\frac{9}{4}$$

故：

$$y=\begin{cases}\left(x-\frac{1}{2}\right)^2-\frac{9}{4} & x\geqslant 2\\ -\left(x-\frac{1}{2}\right)^2+\frac{9}{4} & x<2\end{cases}$$

显然，这是一个分段函数，其图象如图5-1所示：

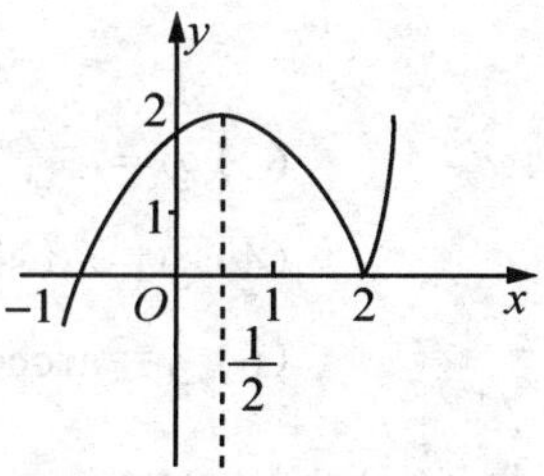

图5-1

【例5-8】 某市"招手即停"公共汽车的票价按下列规则制定：

(1) 5公里以内(含5公里)，票价为2元；

(2) 5公里以上，每增加5公里，票价增加1元(不足5公里的按5公里计算).

如果某条路的总里程为20公里，请根据题意，写出票价与里程之间的函数解析式.

解 设票价为 y 元，里程为 x 公里，由题意可知，自变量的取值范围是(0,20).

由"招手即停"公共汽车的票价的制定规则，可得到以下函数解析式：

$$y=\begin{cases}2, 0<x\leqslant 5\\3, 5<x\leqslant 10\\4, 10<x\leqslant 15\\5, 15<x\leqslant 20\end{cases}$$

显然例 5-8 也是分段函数. 生活中有很多可以用分段函数的实际问题,如出租车的计费、个人所得税纳税额等.

练习 5-1

1. 求下列函数的自然定义域.

(1) $y=\dfrac{1}{1-x^2}+\sqrt{x+2}$;　　(2) $y=\arcsin\dfrac{x-1}{2}$;

(3) $y=\dfrac{\ln(3-x)}{\sqrt{|x|-1}}$;　　(4) $y=\dfrac{\arccos\dfrac{2x-1}{7}}{\sqrt{x^2-x-6}}$.

2. 确定函数 $f(x)=\begin{cases}\sqrt{1-x^2} & |x|\leqslant 1\\x^2-1 & 1<|x|<2\end{cases}$ 的定义域并作出函数图形.

3. 指出下列函数的复合过程.

(1) $y=\cos 2x$;　　(2) $y=e^{\frac{1}{x}}$;

(3) $y=e^{\sin^3 x}$;　　(4) $y=\arcsin[\lg(2x+1)]$;

(5) $y=\ln\sin e^x$;　　(6) $y=\arccos(1-x^2)$.

4. 已知 $f\left(x+\dfrac{1}{x}\right)=x^2+\dfrac{1}{x^2}$,求 $f(x)$.

5. 已知 $f(x)=x^3-x$,$\varphi(x)=\sin 2x$,求 $f[\varphi(x)]$,$\varphi[f(x)]$.

5.2 极限的概念

首先简单介绍我国古代的一些极限思想.

极限概念是由于求某些实际问题的精确解答而产生的. 例如,我国古代数学家刘徽(公元 3 世纪)利用圆内接正多边形来推算圆面积的方法——割圆术,就是极限思想在几何学上的应用.

设有一圆，首先作内接正六边形，把它的面积记为 A_1；再作内接正十二边形，其面积记为 A_2；再作内接正二十四边形，其面积记为 A_3；循此下去，每次边数加倍，一般地把内接正 $6\times 2^{n-1}$ 边形的面积记为 $A_n(n\in\mathbf{Z})$. 这样，就得到一系列内接正多边形的面积：

$$A_1, A_2, \cdots, A_n, \cdots.$$

它们构成一列有次序的数. 当 n 越大，内接正多边形与圆的差别就越小，从而以 A_n 作为圆面积的近似值也越精确. 但是无论 n 取得如何大，只要 n 取定了，A_n 终究只是多边形的面积，而不是圆的面积. 因此，设想 n 无限增大（记为 $n\to\infty$，读作 n 趋于无穷大），即内接正多边形的边数无限增加，在这个过程中，内接正多边形无限接近于圆，同时 A_n 也无限接近于某一确定的数值，这个确定的数值就理解为圆的面积. 这个确定的数值在数学上称为上面这列有次序的数（所谓数列）$A_1, A_2, \cdots, A_n, \cdots$，当 $n\to\infty$ 时的极限. 在圆面积问题中我们看到，正是这个数列的极限才精确地表达了圆的面积.

在解决实际问题中逐渐形成的这种极限方法，已成为数学研究中的一种基本方法，因此有必要作进一步的阐明.

为了叙述问题的方便，我们规定：当 x 从点 x_0 的左右两侧无限接近于 x_0 时，用记号 $x\to x_0$（读作 x 趋于 x_0）表示；当 x 从点 x_0 的右侧无限接近于 x_0 时，用记号 $x\to x_0^+$ 表示；当 x 从点 x_0 的左侧无限接近于 x_0 时，用记号 $x\to x_0^-$ 表示；当 $|x|$ 无限增大时，用记号 $x\to\infty$（读作 x 趋于无穷）表示.

下面，我们根据自变量 x 无限接近于“目标”的不同方式，分别介绍函数的极限.

5.2.1　数列的极限

按照一定顺序排列的一组数 $x_1, x_2, \cdots, x_n, \cdots$，叫做数列，记为 $\{x_n\}$. 数列中的每一个数叫做数列的项，第 n 项 x_n 叫做数列的一般项或通项.

如：(1) $\frac{1}{2}, \frac{2}{3}, \frac{3}{4}, \cdots, \frac{n}{n+1}, \cdots$，通项 $x_n=\frac{n}{n+1}$；

(2) $2, \frac{1}{2}, \frac{4}{3}, \cdots, \frac{(-1)^{n-1}+n}{n}, \cdots$，通项 $x_n=\frac{n+(-1)^{n-1}}{n}$；

(3) $\frac{1}{2}, \frac{1}{2^2}, \frac{1}{2^3}, \cdots, \frac{1}{2^n}, \cdots$，通项 $x_n=\frac{1}{2^n}$；

(4) $1, -1, \cdots, (-1)^{n+1}, \cdots$，通项 $x_n=(-1)^{n+1}$.

几何上，数列 x_n 可视为数轴上一动点，它依次取数轴上点 $x_1, x_2, \cdots, x_n, \cdots$. 从这个意义上讲，数列 $\{x_n\}$ 又可视为在自然数集上的一个函数 $x_n=f(n)$，当自变量依次取 $1, 2, 3, \cdots$ 时，对应的函数值就排成数列 $\{x_n\}$.

对于数列 $\{x_n\}$，若当项数 n 无限增大时，通项 x_n 无限接近于某个确定的常数 A，则称常

数 A 为数列$\{x_n\}$当项数 n 无限增大(即 $n\to\infty$)时的极限，或称数列$\{x_n\}$收敛于 A. 记作：

$$\lim_{n\to\infty}x_n=A \text{ 或 } x_n\to A(n\to\infty).$$

如：$\lim\limits_{n\to\infty}\dfrac{n}{n+1}=1$，$\lim\limits_{n\to\infty}\dfrac{1}{2^n}=0$.

若当项数 n 无限增大时，通项 x_n 不无限接近于任何常数，则称数列$\{x_n\}$的极限不存在，或称数列$\{x_n\}$发散.

注意：(1) 上述是数列极限的描述性，只是对数列的极限给出了定性的描述，反映了数列的通项的变化趋势；

(2) 一个数列是否收敛(即极限是否存在)与数列中的有限项无关，因此在数列中去掉有限多项或增加有限多项不会改变数列的敛散性.

根据数列极限的定义，可通过观察数列的通项的变化趋势，求出较为简单的数列的极限.

【例 5-9】 求下列数列的极限.

(1) $x_n=\dfrac{n+1}{n}$；　　(2) $x_n=\dfrac{1}{n^2}$；

(3) $x_n=\left(\dfrac{1}{2}\right)^n$；　　(4) $x_n=c$(c 为常数)；

(5) $x_n=3^n$.

解 由观察可知结果如下：

(1) $\lim\limits_{n\to\infty}x_n=\lim\limits_{n\to\infty}\dfrac{n+1}{n}=1$；　　(2) $\lim\limits_{n\to\infty}x_n=\lim\limits_{n\to\infty}\dfrac{1}{n^2}=0$；

(3) $\lim\limits_{n\to\infty}x_n=\lim\limits_{n\to\infty}\left(\dfrac{1}{2}\right)^n=0$；　　(4) $\lim\limits_{n\to\infty}c=c$；

(5) 因为随着 n 的不断增大，上述式子也无限增大，所以有

$$\lim_{n\to\infty}x_n=\lim_{n\to\infty}3^n=\infty.$$

几个有关数列极限的重要结果：

$\lim\limits_{n\to\infty}q^n=0(|q|<1)$；

$\lim\limits_{n\to\infty}\dfrac{1}{n^\alpha}=0(\alpha>0)$；

$\lim\limits_{n\to\infty}c=c$ (c 为常数).

5.2.2 函数的极限

1. 当 $x\to x_0$ 时函数的极限

【例 5-10】 考察当 $x\to 3$ 时，$f(x)=x+3$ 及 $g(x)=\dfrac{x^2-9}{x-3}$的变化趋势.

不难看出，当 $x\to 3$ 时，$f(x)$ 无限接近于 6；当 $x\to 3$ 时，$g(x)$ 无限接近于 6. 函数 $f(x)$ 与 $g(x)$ 是两个不同的函数，前者在 $x=3$ 处有定义，后者在 $x=3$ 处没有定义. 这就是说，当 $x\to 3$时，函数 $f(x)$ 与 $g(x)$ 的极限是否存在与其在 $x=3$ 处有无定义无关. 因此，在介绍极限的定义前，先介绍两个定义：开区间 $(x-\delta, x+\delta)$ 称为以 x 为中心，以 δ 为半径的邻域，简称为 x 的邻域，记为 $N(x,\delta)$. 一般情况下，为了使 $x\to x_0$ 时函数的极限适用范围更广泛，我们不要求 $f(x)$ 在点 x_0 有定义，只需要求 $f(x)$ 在点 x_0 的某一去心邻域 $(x_0-\delta, x_0)\cup(x_0, x_0+\delta)$ 内有定义即可，我们用 $N(\hat{x}_0,\delta)$ 表示点 x_0 的去心邻域，其中 $\delta>0$.

定义：设函数 $y=f(x)$ 在点 x_0 的去心邻域 $N(\hat{x}_0,\delta)$ 内有定义，如果当自变量 x 在 $N(\hat{x},\delta)$ 内无限接近于 x_0 时，相应的函数值 $f(x)$ 无限接近于某一个固定的常数 A，则称 A 为当 $x\to x_0$ 时函数 $f(x)$ 的极限. 记作：

$$\lim_{x\to x_0} f(x)=A \quad 或 \quad f(x)\to A(x\to x_0).$$

比如：例 5-10 中 $\lim\limits_{x\to 3} f(x)=6$，$\lim\limits_{x\to 3} g(x)=\lim\limits_{x\to 3}(x+3)=6$.

注意：(1) $x\to x_0$ 时函数 $f(x)$ 的极限与 x 的变化趋势有关；

(2) $x\to x_0$ 时函数 $f(x)$ 的极限与 $f(x)$ 在 x_0 处有无定义无关，由上面例子也可验证.

【例 5-11】 观察写出下列极限.

(1) $\lim\limits_{x\to \frac{1}{2}}(2x+1)$；　(2) $\lim\limits_{x\to x_0} c$（c 为常数）；　(3) $\lim\limits_{x\to 0}\sin x$；

(4) $\lim\limits_{x\to x_0} x$；　(5) $\lim\limits_{x\to 0} a^x\ (a>0, a\neq 1)$；　(6) $\lim\limits_{x\to 0}\dfrac{1}{x}$.

解　由观察可知结果如下：

(1) $\lim\limits_{x\to \frac{1}{2}}(2x+1)=2$；　(2) $\lim\limits_{x\to x_0} c=c$；

(3) $\lim\limits_{x\to 0}\sin x=\sin 0=0$；　(4) $\lim\limits_{x\to x_0} x=x_0$；

(5) $\lim\limits_{x\to 0} a^x=a^0=1$；　(6) $\lim\limits_{x\to 0}\dfrac{1}{x}$ 不存在.

2. 左、右极限

设函数 $y=f(x)$ 在点 x_0 的右半邻域 $(x_0, x_0+\delta)$ 内有定义，当自变量 x 在此半邻域内从 x_0 右侧无限接近于 x_0 时，相应的函数值 $f(x)$ 无限接近于某个固定的常数 A，则称 A 为当 x 趋近于 x_0 时函数 $f(x)$ 的右极限. 记作：

$$\lim_{x\to x_0^+} f(x)=A \text{ 或 } f(x)\to A(x\to x_0^+) \text{ 或 } f(x_0+0)=A.$$

设函数 $y=f(x)$ 在点 x_0 的左半邻域 $(x_0-\delta, x_0)$ 内有定义，如果当自变量 x 在此半邻域内从 x_0 左侧无限接近于 x_0 时，相应的函数值 $f(x)$ 无限接近于某个固定的常数 A，则称 A

为当 x 趋近于 x_0 时函数 $f(x)$ 的左极限. 记作:

$$\lim_{x \to x_0^-} f(x)=A \text{ 或 } f(x) \to A(x \to x_0^-) \text{ 或 } f(x_0-0)=A.$$

定理 1 $\lim\limits_{x \to x_0} f(x)=A \Leftrightarrow f(x_0-0)=f(x_0+0)=A.$

此定理常用来证明 $f(x)$ 在某一点 x_0 的极限是否存在.

【例 5-12】 讨论函数 $f(x)=\begin{cases} x-1 & x<0 \\ 0 & x=0 \\ x+1 & x>0 \end{cases}$ 在 $x=0$ 点的极限是否存在.

解 由定义,不难看出 $x \to 0$, $f(x)$ 的左极限为 -1,右极限为 1,即:

$$\lim_{x \to 0^-} f(x)=\lim_{x \to 0^-}(x-1)=-1;$$

$$\lim_{x \to 0^+} f(x)=\lim_{x \to 0^+}(x+1)=1.$$

因为 $$\lim_{x \to 0^-} f(x) \neq \lim_{x \to 0^+} f(x);$$

所以 $f(x)$ 在 $x=0$ 的极限不存在.

【例 5-13】 $f(x)=\begin{cases} x\sin\dfrac{1}{x}+a & x<0 \\ 1+x^2 & x>0 \end{cases}$ 当 a 为何值时, $f(x)$ 在 $x=0$ 的极限存在?

解 由于函数在分段点 $x=0$ 处,两边的表达式不同,因此一般要考虑在分段点 $x=0$ 处的左极限与右极限. 于是,有:

$$\begin{aligned}\lim_{x \to 0^-} f(x) &= \lim_{x \to 0^-}\left(x\sin\frac{1}{x}+a\right) \\ &= \lim_{x \to 0^-}\left(x\sin\frac{1}{x}\right)+\lim_{x \to 0^-} a \\ &= a,\end{aligned}$$

$$\lim_{x \to 0^+} f(x)=\lim_{x \to 0^+}(1+x^2)=1,$$

为使 $\lim\limits_{x \to 0} f(x)$ 存在,必须有 $\lim\limits_{x \to 0^+} f(x)=\lim\limits_{x \to 0^-} f(x)$,

因此,当 $a=1$ 时, $\lim\limits_{x \to 0} f(x)$ 存在且 $\lim\limits_{x \to 0} f(x)=1$.

3. 当 $x \to \infty$ 时函数的极限

如果当 $x \to +\infty(x \to -\infty)$ 时,相应的函数 $f(x)$ 无限接近于某一个确定的常数 A,则称 A 为 $x \to +\infty(x \to -\infty)$ 时函数 $f(x)$ 的极限. 记作:

$$\lim_{x \to +\infty} f(x)=A \quad \text{或} \quad f(x) \to A(x \to +\infty)$$

$$\lim_{x \to -\infty} f(x)=A \quad \text{或} \quad f(x) \to A(x \to -\infty)$$

如 $\lim\limits_{x\to+\infty}\frac{1}{x}=0$；$\lim\limits_{x\to-\infty}\frac{1}{x}=0$；$\lim\limits_{x\to+\infty}\arctan x=\frac{\pi}{2}$；$\lim\limits_{x\to-\infty}\arctan x=-\frac{\pi}{2}$.

【例 5-14】 通过观察写出下列函数的极限.

(1) $\lim\limits_{x\to-\infty}2^x$；　(2) $\lim\limits_{x\to+\infty}2^{-x}$；

(3) $\lim\limits_{x\to+\infty}\operatorname{arccot} x$；　(4) $\lim\limits_{x\to-\infty}\operatorname{arccot} x$.

解 由观察可知结果如下：

(1) $\lim\limits_{x\to-\infty}2^x=0$；　(2) $\lim\limits_{x\to+\infty}2^{-x}=0$；

(3) $\lim\limits_{x\to+\infty}\operatorname{arccot} x=0$；　(4) $\lim\limits_{x\to-\infty}\operatorname{arccot} x=\pi$.

如果函数 $f(x)$ 当 $|x|$ 无限增大时，$f(x)$ 无限接近于某一个确定的常数 A，此时称 A 是 $f(x)$ 当 $x\to\infty$ 时的极限，记作：

$$\lim_{x\to\infty}f(x)=A \quad 或\ f(x)\to A(x\to\infty).$$

如：$\lim\limits_{x\to\infty}\frac{1}{x}=0$；$\lim\limits_{x\to\infty}\arctan x$ 不存在.

注意：(1) A 是唯一的确定的常数；当确定的常数 A 不存在时，则函数 $f(x)$ 的极限不存在；

(2) 上述定义，反映了当 $x\to+\infty$、$x\to-\infty$ 及 $x\to\infty$ 时函数 $f(x)$ 的值的变化趋势，$x\to\infty$ 既包括趋于 $+\infty$，也包括趋于 $-\infty$；

(3) 很明显，$\lim\limits_{x\to\infty}f(x)$ 存在的充分必要条件是：

$$\lim_{x\to+\infty}f(x)=\lim_{x\to-\infty}f(x).$$

5.2.3　极限的性质

1. 若函数 $f(x)$ 的极限存在，则此极限是唯一的；

2. 若 $\lim\limits_{x\to x_0}f(x)$ 存在，则在 x_0 的某去心邻域内有界；

3. (保号性)若 $\lim\limits_{x\to x_0}f(x)=A$ 且 $A>0(A<0)$，则在 x_0 的某去心邻域内有：

$$f(x)>0(f(x)<0)；$$

4. (两面夹法则或夹逼法则)若在 x_0 的某去心邻域 $N(\hat{x}_0,\delta)$ 内有：

$$g(x)\leqslant f(x)\leqslant h(x)，且\lim_{x\to x_0}g(x)=\lim_{x\to x_0}h(x)=A,$$

则 $\lim\limits_{x\to x_0}f(x)=A$.

注意：极限的性质对其他几种类型的极限也是成立的，比如说数列极限. 下面举例说明一下两面夹法则的应用.

【例 5-15】 求 $\lim\limits_{n\to\infty}\left(\frac{1}{\sqrt{n^2+1}}+\frac{1}{\sqrt{n^2+2}}+\cdots+\frac{1}{\sqrt{n^2+n}}\right)$.

解 $\frac{n}{\sqrt{n^2+n}}<\frac{1}{\sqrt{n^2+1}}+\cdots+\frac{1}{\sqrt{n^2+n}}<\frac{n}{\sqrt{n^2+1}}$

而 $$\lim_{n\to\infty}\frac{n}{\sqrt{n^2+n}}=\lim_{n\to\infty}\frac{n}{\sqrt{n^2+1}}=1$$

所以由两面夹法则，可知原式极限为 1，即：

$$\lim_{n\to\infty}\left(\frac{1}{\sqrt{n^2+1}}+\frac{1}{\sqrt{n^2+2}}+\cdots+\frac{1}{\sqrt{n^2+n}}\right)=1.$$

5.2.4 无穷小与无穷大

在学习数列极限时，有一类数列非常引人瞩目，它们具有如下特征：$\lim\limits_{n\to\infty}a_n=0$，我们称之为无穷小数列. 通过前面对函数极限的学习，我们可以发现，在一般函数极限中也有类似的情形. 例如：

$$\lim_{x\to 0}\sin x=0,\quad \lim_{x\to 0}x^2=0\cdots\cdots$$

我们给这类函数起了一个名称——“无穷小量”.

既然有“无穷小量”，与之对应的也应有“无穷大量”，那么什么是“无穷大量”？进一步，这些“量”有哪些性质呢？

无穷小量与无穷大量就是我们马上要介绍的知识.

1. 无穷小的概念及性质

(1) 无穷小的概念

若 $\lim\limits_{x\to x_0}f(x)=0$（或 $\lim\limits_{x\to\infty}f(x)=0$），则称 $f(x)$ 为当 $x\to x_0$（$x\to\infty$）时的无穷小量（简称为无穷小）.

类似地可以定义当 $x\to x_0^+$，$x\to x_0^-$，$x\to+\infty$，$x\to-\infty$，$x\to\infty$ 时的无穷小量.

例如 $x^k(k=1,2,\cdots)$，$\sin x$，$1-\cos x$ 都是当 $x\to 0$ 时的无穷小量；$\sqrt{1-x}$ 是当 $x\to 1^-$ 时的无穷小量；$\frac{1}{x^2}$，$\frac{\sin x}{x}$ 是 $x\to\infty$ 时的无穷小量.

注意：(a) 无穷小量是以 0 为极限的函数，并非很小的数；

(b) 无穷小量与极限过程有关；

(c) 常数中只有 0 可看作是无穷小.

(2) 无穷小的性质

(a) 有限个无穷小之和为无穷小. 例如：$\lim\limits_{x\to\infty}\left(\frac{1}{x}+\frac{1}{x^2}\right)=0$；

(b) 有界量与无穷小之积为无穷小. 例如：$\lim\limits_{x\to 0^+}x\sin\frac{1}{x}=0$；

特殊的：常数与无穷小之积为无穷小.

(c) 有限个无穷小之积也是无穷小；

必须注意：两个无穷小的商不一定是无穷小. 如：$x\to 0$ 时，x 与 x^2 都是无穷小，但是 $\lim\limits_{x\to 0}\frac{x}{x^2}=\infty$，不是无穷小量.

(3) 极限和无穷小之间的关系

定理 2 $\lim\limits_{x\to x_0}f(x)=A\Leftrightarrow f(x)=A+\alpha$，其中$\lim\limits_{x\to x_0}\alpha=0$.

这个定理是很容易得到的，并且自变量的变化过程换成其他任何一种情形（$x\to x_0^+$，$x\to x_0^-$，$x\to+\infty$，$x\to-\infty$，$x\to\infty$）后仍然成立.

【例 5-16】 当 $x\to\infty$时，$f(x)=\frac{1+2x}{x}$能否写成其极限与一个无穷小量之和的形式？

解 因为
$$\lim_{x\to\infty}\frac{1+2x}{x}=2,$$
所以
$$f(x)=2+\frac{1}{x}=2+\alpha(x),$$
其中$\lim\limits_{x\to\infty}\alpha(x)=\lim\limits_{x\to\infty}\frac{1}{x}=0$.

2. 无穷大量

(1) 无穷大量的定义

当自变量 x 在某个变化过程中，若相应的函数值的绝对值$|f(x)|$无限增大，则称 $f(x)$ 为该自变量变化过程中的无穷大量（简称为无穷大），记作$\lim\limits_{x\to *}f(x)=\infty$（$*$可指代 x 的某一变化过程，同上面无穷小量的变化趋势）.

显然，$n\to\infty$时，n、n^2、n^3、……都是无穷大量.

注意：(a) 无穷大是满足$\lim\limits_{x\to x_0}f(x)=\infty$的一个函数，并非很大的数.

(b) 无穷大也与自变量的取值过程有关.

(c) 无穷大是极限不存在的一种情形，这里只是借用极限的记号，并不表示极限存在.

(2) 无穷大量与无穷小量的关系

定理 3 在自变量 x 的变化过程中，无穷大的倒数是无穷小，恒不为零的无穷小的倒数是无穷大.

注意：x 的变化过程必须是同一变化过程.

【例 5-17】 自变量在怎样的变化过程中，下列函数为无穷小？自变量在怎样的变化过程中下列函数为无穷大？

(1) $y=2x-1$； (2) $y=3^x$.

解 (1) 因为$\lim\limits_{x\to\frac{1}{2}}(2x-1)=0$,所以当 $x\to\frac{1}{2}$时,$2x-1$ 为无穷小;

因为$\lim\limits_{x\to\infty}(2x-1)=\infty$,所以当 $x\to\infty$时,$2x-1$ 为无穷大.

(2) 因为 $\lim\limits_{x\to-\infty}3^x=0$,所以当 $x\to-\infty$时,3^x 为无穷小;

因为 $\lim\limits_{x\to+\infty}3^x=\infty$,所以当 $x\to+\infty$时,3^x 为无穷大.

3. 无穷小的比较

已知极限为 0 的函数为无穷小量,但它们趋于 0 的快慢程度往往不同,如

$$\lim_{x\to0}3x=0,\lim_{x\to0}\sin x=0,\lim_{x\to0}x^2=0,$$

但
$$\lim_{x\to0}\frac{x^2}{3x}=0,\ \lim_{x\to0}\frac{\sin x}{3x}=\frac{1}{3},\lim_{x\to0}\frac{3x}{x^2}=\infty.$$

故有必要比较一下它们趋于 0 的快慢,这里引进无穷小阶的概念.

(1) 无穷小阶的概念

设在自变量的某一变化过程中,$\lim\alpha=0$,$\lim\beta=0$;

(a) 若 $\lim\frac{\beta}{\alpha}=0$,则称 β 是比 α 高阶无穷小,记 $\beta=o(\alpha)$;

(b) 若 $\lim\frac{\beta}{\alpha}=c\neq0$,则称 β 与 α 是同阶无穷小;

(c) 若 $\lim\frac{\beta}{\alpha}=1$,则称 β 与 α 等价,记 $\beta\sim\alpha$;

(d) 若 $\lim\frac{\alpha}{x^k}=0(k\neq0)$,则称 α 是关于 x 的 k 阶无穷小.

如:$x\to0$ 时,$x^2=o(3x)$, $\sin x$ 与 $3x$ 同阶,并且易知:$\sin x\sim x$

注意:不是任意两个无穷小都可以比较,如:当 $x\to0$ 时,x 与 $x\sin\frac{1}{x}$ 都是无穷小,而

$\lim\limits_{x\to0}\dfrac{x\sin\frac{1}{x}}{x}=\lim\limits_{x\to0}\sin\dfrac{1}{x}$不存在.

(2) 等价无穷小在求极限中可作代换以简化计算

定理 4 若 $\alpha\sim\alpha'$,$\beta\sim\beta'$,且 $\lim\frac{\beta'}{\alpha'}=A$,则 $\lim\frac{\beta}{\alpha}=\lim\frac{\beta'}{\alpha'}=A$.

在使用中要注意:

(a) 要记准一些函数的等价无穷小;

(b) 代换时要么分子、分母一起换,要么只换分子或者分母,不可代换减式或者和式.

【例 5-18】 求$\lim\limits_{x\to0}\dfrac{\tan 3x}{\sin 4x}$.

解　当 $x\to 0$ 时，$\tan 3x\sim 3x$，$\sin 4x\sim 4x$，所以由定理 4：

$$原式=\lim_{x\to 0}\frac{3x}{4x}=\frac{3}{4}$$

一般情况下：当 $x\to 0$ 时，任意 $a\in\mathbf{R}$，$a\neq 0$

$\sin ax\sim ax$；$\tan ax\sim ax$；$\arcsin ax\sim ax$；$\arctan ax\sim ax$；$e^{ax}-1\sim ax$；

$\ln(1+ax)\sim ax$；$1-\cos ax\sim\frac{(ax)^2}{2}$；$(1+ax)^{\mu}-1\sim\mu(ax)$等.

这几个常用的等价无穷小，要记熟. 在做题时经常用到，能简化题目.

【例 5-19】　大家看一下下面式子的解法正确么？

$$\lim_{x\to 0}\frac{\tan x-\sin x}{\sin^3 x}=\lim_{x\to 0}\frac{x-x}{x^3}=0$$

很显然这种解法是错误的，在代换的时候一定注意是对分子或者分母的整体代换，对分子或者分母中"+"，"−"号连接的部分不能分别替换. 所以本题的正确解法如下：

$$原式=\lim_{x\to 0}\frac{1-\cos x}{\cos x\sin^2 x}=\lim_{x\to 0}\frac{\frac{1}{2}x^2}{x^2\cos x}=\frac{1}{2}.$$

练习 5-2

1. 在极限的定义中，要求函数 $y=f(x)$ 在点 x_0 的去心邻域 $N(\hat{x}_0,\delta)$ 内有定义，为什么？要是改为 x_0 的邻域 $N(x_0,\delta)$ 可以么？
2. 单调有上界的数列的极限与上界有什么关系？单调有下界的数列的极限与下界有什么关系？
3. 求下列式子的极限.

(1) $\lim\limits_{x\to 2}\frac{|x-2|}{x^2-4}$；　　(2) $\lim\limits_{n\to 4}\frac{x^2-16}{x-4}$.

4. 举例说明 $\lim\limits_{x\to\infty}f(x)=A$ 的几何意义.
5. 自变量在怎样的变化过程中，下列函数为无穷小？自变量在怎样的变化过程中下列函数为无穷大？

(1) $y=\ln x$；　　(2) $y=\left(\frac{1}{2}\right)^x$.

6. 若 $\lim\limits_{x\to 1}\frac{x^2+ax+b}{\sin(x^2-1)}=3$，求 a，b 的值.

5.3 极限的运算法则

5.3.1 极限的运算法则

极限的求法,是高等数学的基本运算之一,本节将不加证明地给出极限的四则运算法则,并运用这些法则求解更复杂的极限问题.

设 $\lim f(x)=A$, $\lim g(x)=B$, A,B 有限,则有:

法则 1: $\lim[f(x)\pm g(x)]=\lim f(x)\pm\lim g(x)=A\pm B$(可推广到有限个);

$\lim[f(x)g(x)]=[\lim f(x)][\lim g(x)]=AB$(可推广到有限个);

特别地:

$\lim[cf(x)]=c\lim f(x)=cA$($c$ 为常数);

法则 2: $\lim\dfrac{f(x)}{g(x)}=\dfrac{\lim f(x)}{\lim g(x)}=\dfrac{A}{B}(B\neq 0)$;

法则 3: $\lim[f(x)]^n=[\lim f(x)]^n=A^n(n\in\mathbf{N})$.

注意:(1) 应用法则时,要特别注意条件 $\lim f(x)$, $\lim g(x)$ 存在,否则法则不能用. 如:

$\lim\limits_{x\to 0}x\sin\dfrac{1}{x}=\lim\limits_{x\to 0}x\lim\limits_{x\to 0}\sin\dfrac{1}{x}=0$,

这种求法是错误的.

(2) 上述法则对函数的各种类型的极限都是成立的.

5.3.2 求函数极限的方法

1. 对有理整函数(即多项式)求 $x\to x_0$ 的极限,只要将 x_0 代入函数式中即可.

【例 5-20】 求 $\lim\limits_{x\to 1}(3x^2+x-5)$.

解 $\lim\limits_{x\to 1}(3x^2+x-5)=3\times 1^2+1-5=-1$.

结论 1: 设 $f(x)=a_0x^n+a_1x^{n-1}+a_2x^{n-2}+\cdots+a_{n-1}x+a_n(n\in\mathbf{N},a_0\neq 0)$,则:

$$\lim_{x\to x_0}f(x)=\lim_{x\to x_0}[a_0x^n+a_1x^{n-1}+a_2x^{n-2}+\cdots+a_{n-1}x+a_n]=f(x_0).$$

2. 有理分式$\frac{P(x)}{Q(x)}$的极限

（其中：$P(x)=a_0x^n+a_1x^{n-1}+a_2x^{n-2}+\cdots+a_{n-1}x+a_n$，

$Q(x)=b_0x^m+b_1x^{m-1}+b_2x^{m-2}+\cdots+b_{m-1}x+b_m \quad n,m\in\mathbf{R} \quad a_0\neq 0, b_0\neq 0$）.

【例 5-21】 求$\lim\limits_{x\to 2}\frac{x^2-1}{x^3+x-2}$.

解 $\lim\limits_{x\to 2}\frac{x^2-1}{x^3+x-2}=\frac{2^2-1}{2^3+2-2}=\frac{3}{8}$.

【例 5-22】 求$\lim\limits_{x\to 0}\frac{x^2+1}{x^2+3x+4}$.

解 $\lim\limits_{x\to 0}\frac{x^2+1}{x^2+3x+4}=\frac{0^2+1}{0^2+3\times 0+4}=\frac{1}{4}$.

【例 5-23】 求$\lim\limits_{x\to 1}\frac{2x-3}{x^2-5x+4}$.

解 因为$\lim\limits_{x\to 1}(x^2-5x+4)=1-5+4=0$

所以不能用商的法则.

由于 $\lim\limits_{x\to 1}\frac{x^2-5x+4}{2x-3}=\frac{0}{-1}=0$ 所以原式$=\infty$，

【例 5-24】 求$\lim\limits_{x\to 2}\frac{x-2}{x^2+x-6}$.

解 因为$\lim\limits_{x\to 2}(x^2+x-6)=0$ 不能用商的法则，先消去零因子，

所以$\lim\limits_{x\to 2}\frac{x-2}{x^2+x-6}=\lim\limits_{x\to 2}\frac{x-2}{(x+3)(x-2)}=\lim\limits_{x\to 2}\frac{1}{x+3}=\frac{1}{5}$.

结论 2：(1) 当$\lim\limits_{x\to x_0}Q(x)\neq 0$ 时，则有$\lim\limits_{x\to x_0}\frac{P(x)}{Q(x)}=\frac{\lim\limits_{x\to x_0}P(x)}{\lim\limits_{x\to x_0}Q(x)}=\frac{P(x_0)}{Q(x_0)}$.

(2) 当$\lim\limits_{x\to x_0}Q(x)=0$ 时，不能用商的极限法则直接去求. 若$\lim\limits_{x\to x_0}P(x)=0$，则先将分子分母分解因式，然后约去使分母极限为零的因式，化成结论 2 中(1)的情形再求极限；若$\lim\limits_{x\to x_0}P(x)\neq 0$，则极限不存在.

【例 5-25】 求$\lim\limits_{x\to +\infty}\frac{x^2-x+1}{2x^2-3x+2}$.

解 原式分子与分母同除以 x^2 得到

$$\lim_{x\to+\infty}\frac{x^2-x+1}{2x^2-3x+2}$$

$$=\lim_{x\to+\infty}\frac{1-\frac{1}{x}+\frac{1}{x^2}}{2-\frac{3}{x}+\frac{2}{x^2}}$$

$$=\frac{1-\lim\limits_{x\to+\infty}\frac{1}{x}+\lim\limits_{x\to+\infty}\frac{1}{x^2}}{2-\lim\limits_{x\to+\infty}\frac{3}{x}+\lim\limits_{x\to+\infty}\frac{2}{x^2}}$$

$$=\frac{1-0+0}{2-0+0}$$

$$=\frac{1}{2}$$

【例 5-26】 求$\lim\limits_{x\to\infty}\frac{x^3-3x^2+2}{2x^4-1}$.

解 $\lim\limits_{x\to\infty}\frac{x^3-3x^2+2}{2x^4-1}=\lim\limits_{x\to\infty}\frac{\frac{1}{x}-\frac{3}{x^2}+\frac{2}{x^4}}{2-\frac{1}{x^4}}=0.$

【例 5-27】 求$\lim\limits_{x\to\infty}\frac{2x^3+x^2+1}{x^2-1}$.

解 $\lim\limits_{x\to\infty}\frac{2x^3+x^2+1}{x^2-1}=\lim\limits_{x\to\infty}\frac{2+\frac{1}{x}+\frac{1}{x^3}}{\frac{1}{x^2}-\frac{1}{x^3}}=\infty.$

结论 3:若$\lim\limits_{x\to\infty}P(x)=\infty$,$\lim\limits_{x\to\infty}Q(x)=\infty$,则:

$$\lim_{x\to\infty}\frac{a_0x^n+a_1x^{n-1}+a_2x^{n-2}+\cdots+a_{n-1}x+a_n}{b_0x^m+b_1x^{m-1}+b_2x^{m-2}+\cdots+b_{m-1}x+b_m}=\begin{cases}0 & m>n\\ \frac{a_0}{b_0} & m=n.\\ \infty & m<n\end{cases}$$

3. 两个分式的差的极限

【例 5-28】 求$\lim\limits_{x\to-2}\left(\frac{1}{x+2}-\frac{12}{x^2-4}\right)$.

解 很显然不能运用法则直接求解,但是我们可以得到:

$$\lim_{x\to-2}\left(\frac{1}{x+2}-\frac{12}{x^2-4}\right)$$

$$=\lim_{x\to-2}\left(\frac{x-2-12}{x^2-4}\right)$$

$$=\lim_{x\to-2}\left(\frac{x-14}{x^2-4}\right)$$

$$=\infty.$$

【例 5-29】 求$\lim\limits_{x\to1}\left(\frac{1}{x-1}-\frac{3}{x^3-1}\right)$.

解　运用同样的方法：

$$\lim_{x\to1}\left(\frac{1}{x-1}-\frac{3}{x^3-1}\right)$$

$$=\lim_{x\to1}\left(\frac{x^2+x+1-3}{x^3-1}\right)$$

$$=\lim_{x\to1}\left(\frac{x^2+x-2}{x^3-1}\right)$$

$$=\lim_{x\to1}\frac{(x-1)(x+2)}{(x-1)(x^2+x+1)}$$

$$=\lim_{x\to1}\frac{x+2}{x^2+x+1}$$

$$=1.$$

结论 4：当两个分式的差的极限为"$\infty-\infty$"型的极限时，须先通分化简后再求极限.

4. 含有无理式的函数的极限

【例 5-30】 求$\lim\limits_{x\to2}\frac{\sqrt{x^2+5}-3}{\sqrt{2x+1}-\sqrt{5}}$.

解　有理化可得：

$$\lim_{x\to2}\frac{\sqrt{x^2+5}-3}{\sqrt{2x+1}-\sqrt{5}}$$

$$=\lim_{x\to2}\frac{(\sqrt{x^2+5}-3)(\sqrt{x^2+5}+3)(\sqrt{2x+1}+\sqrt{5})}{(\sqrt{2x+1}-\sqrt{5})(\sqrt{2x+1}+\sqrt{5})(\sqrt{x^2+5}+3)}$$

$$=\lim_{x\to2}\frac{x^2-4}{2x-4}\cdot\frac{\sqrt{2x+1}+\sqrt{5}}{\sqrt{x^2+5}+3}$$

$$=\lim_{x\to2}\frac{x+2}{2}\cdot\frac{\sqrt{2x+1}+\sqrt{5}}{\sqrt{x^2+5}+3}$$

$$=\frac{2\sqrt{5}}{3}.$$

【例 5-31】 求$\lim\limits_{x\to+\infty}(\sqrt{x^2+1}-x)$.

解　$\lim\limits_{x\to+\infty}(\sqrt{x^2+1}-x)=\lim\limits_{x\to+\infty}\frac{1}{\sqrt{x^2+1}+x}=0.$

结论 5:在求含有无理式的函数的极限时,先有理化化简然后再求解.

5. 利用无穷小性质求极限

【例 5-32】 求$\lim\limits_{x\to\infty}\dfrac{x\arctan(x+1)}{3x^2+x+1}$.

解 由上面结论可知:$\lim\limits_{x\to\infty}\dfrac{x}{3x^2+x+1}=0$,而 $\arctan(x+1)$为有界量,根据无穷小的性质可知,无穷小量与有界量的乘积为无穷小量,所以:

$$\lim_{x\to\infty}\frac{x\arctan(x+1)}{3x^2+x+1}=0.$$

6. 其他类型的极限

【例 5-33】 求$\lim\limits_{n\to\infty}\dfrac{2^n+3^n}{3^{n+1}-2^{n+1}}$.

解 $\lim\limits_{n\to\infty}\dfrac{2^n+3^n}{3^{n+1}-2^{n+1}}=\lim\limits_{n\to\infty}\dfrac{\frac{1}{3}\left(\frac{2}{3}\right)^n+\frac{1}{3}}{1-\left(\frac{2}{3}\right)^{n+1}}=\dfrac{1}{3}$;

下面我们将不加证明地给出两个重要极限,这两个极限非常重要,可以以它们作为工具,求其他式子的极限,也是上面求极限方法的一种.会运用即可.

(1) 第一个重要极限:$\lim\limits_{x\to 0}\dfrac{\sin x}{x}=1$.

该重要极限的表现形式为$\dfrac{0}{0}$型的,我们把它形象地写成:

$$\lim_{[\ \ ]\to 0}\frac{\sin[\ \ ]}{[\ \ ]}=1 \quad [\ \ ]\text{代表同一变量}$$

(2) 第二个重要极限:$\lim\limits_{x\to+\infty}\left(1+\dfrac{1}{x}\right)^x=\mathrm{e}$

该重要极限的表现形式:表面特性$\left[1+\dfrac{1}{[\ \ ]}\right]^{[\ \ ]}$(或$[1+[\ \ ]]^{\frac{1}{[\ \ ]}}$);本质特性$[1+0]^{\infty}$

【例 5-34】 求$\lim\limits_{x\to 0}\dfrac{\tan x}{x}$.

解 $\lim\limits_{x\to 0}\dfrac{\tan x}{x}=\lim\limits_{x\to 0}\left(\dfrac{\sin x}{x}\cdot\dfrac{1}{\cos x}\right)=1$.

【例 5-35】 求$\lim\limits_{x\to 0}\sqrt[x]{1-2x}$.

解 $\lim\limits_{x\to 0}\sqrt[x]{1-2x}=\lim\limits_{x\to 0}(1-2x)^{\frac{1}{x}}=\lim\limits_{x\to 0}\{[1+(-2x)]^{\frac{1}{-2x}}\}^{-2}=\mathrm{e}^{-2}$.

【例 5-36】 求$\lim\limits_{x\to -1}(2+x)^{\frac{2}{x+1}}$.

解 $\lim\limits_{x\to -1}(2+x)^{\frac{2}{x+1}}=\lim\limits_{x\to -1}\{[1+(x+1)]^{\frac{1}{x+1}}\}^2=\mathrm{e}^2$.

练习 5-3

1. 求下列式子的极限.

(1) $\lim\limits_{x\to 2}\dfrac{x-1}{x^2-3x+4}$；

(2) $\lim\limits_{x\to 3}\dfrac{x^2-9}{x^2-5x+6}$；

(3) $\lim\limits_{x\to -2}\left(\dfrac{1}{x+2}-\dfrac{12}{x^3+8}\right)$；

(4) $\lim\limits_{x\to 3}\dfrac{\sqrt{1+x}-2}{x-3}$；

(5) $\lim\limits_{x\to +\infty}(\sqrt{1+x}-\sqrt{x})$；

(6) $\lim\limits_{n\to \infty}(n-\sqrt{n^2+5n})$；

(7) $\lim\limits_{x\to \infty}\dfrac{\sin x}{x}$；

(8) $\lim\limits_{x\to 0}x^2\sin\dfrac{1}{x}$.

2. 求下列式子的极限.

(1) $\lim\limits_{x\to 0}\dfrac{\tan 2x}{\sin 3x}$；

(2) $\lim\limits_{x\to \pi}\dfrac{\sin x}{x-\pi}$；

(3) $\lim\limits_{x\to 0}\dfrac{\tan x}{3\sin x}$；

(4) $\lim\limits_{x\to 0}\dfrac{1-\cos x}{x^2}$；

(5) $\lim\limits_{x\to 0}\sqrt[x]{1-2x}$；

(6) $\lim\limits_{x\to \infty}\left(\dfrac{2x-1}{2x+1}\right)^{x+\frac{3}{2}}$；

(7) $\lim\limits_{n\to \infty}\left(1+\dfrac{2}{n}\right)^n$；

(8) $\lim\limits_{x\to \infty}\left(1-\dfrac{1}{x}\right)^{x+1}$.

3. 已知$\lim\limits_{x\to \infty}\left(\dfrac{1+x^2}{1+x}-ax-b\right)=0$，求 a、b 的值.

4. 求$\lim\limits_{n\to \infty}\left(\dfrac{1}{n^2}+\dfrac{2}{n^2}+\dfrac{3}{n^2}+\cdots+\dfrac{n}{n^2}\right)$.

5.4　函数的连续性

5.4.1　函数连续的概念

1. 函数的增量

自变量 x 在 x_0 的增量：$\Delta x=x-x_0$（$x=x_0+\Delta x$），相应的函数 $f(x)$的增量为：

$$\Delta y=f(x_0+\Delta x)-f(x_0)$$

几何意义如图 5-2 所示.

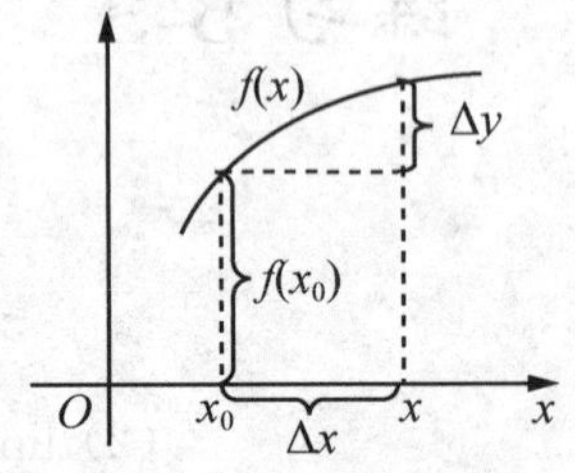

图 5-2

2. 函数的连续性

设函数 $f(x)$在 x_0 处的极限为 A,即$\lim\limits_{x\to x_0}f(x)=A$.

这里 $f(x_0)$可以有三种情况:

(1) $f(x_0)$无定义;

(2) $f(x_0)\neq A$,比如 $f(x)=\begin{cases}x, & x\neq x_0\\ x+1, & x=x_0\end{cases}$,$\lim\limits_{x\to x_0}f(x)=x_0\neq f(x_0)$;

(3) $f(x_0)=A$.

对(1),(2) 两种情况,曲线在 x_0 处都出现了间断;第(3) 种情况与前两种情况不同,曲线在 x_0 处连绵不断,我们称这种情况为 $f(x)$在 x_0 处连续.下面给出连续函数的定义:

定义 1 设函数 $y=f(x)$在点 x_0 的某一邻域内有定义,如果当自变量的增量 $\Delta x=x-x_0$ 趋于零时,对应的函数的增量 $\Delta y=f(x+x_0)-f(x_0)$也趋于零,那么就称函数 $y=f(x)$在点 x_0 处连续.

定义 1 中 $\Delta x\to 0$ 时,$\Delta y\to 0$ 也即是说:$\lim\limits_{\Delta x\to 0}\Delta y=0$,故上述表达式也可表述为:

$$\lim_{x\to x_0}(f(x)-f(x_0))=0.$$

于是有:

定义 2 设函数 $y=f(x)$在点 x_0 的某一邻域内有定义,若$\lim\limits_{x\to x_0}f(x)=f(x_0)$,那么就称函数 $y=f(x)$在点 x_0 处连续.

由上面定义不难看出,函数 $y=f(x)$在点 x_0 处连续须满足以下三个条件:

(1) $f(x)$在点 x_0 处必须有定义;

(2) $\lim\limits_{x\to x_0}f(x)$存在;

(3) $\lim\limits_{x\to x_0}f(x)=f(x_0)$.

如果上述条件中至少有一个不满足，则称函数 $y=f(x)$ 在点 x_0 处不连续，点 x_0 为函数 $y=f(x)$ 的间断点或不连续点.

【例 5-37】 函数 $f(x)=\begin{cases} x\sin\dfrac{1}{x}, & x\neq 0 \\ 0 & x=0 \end{cases}$ 在 $x=0$ 处连续吗？

解　答案是肯定的. 因为：

$$\lim_{x\to 0^+} f(x)=\lim_{x\to 0^+} x\sin\frac{1}{x}=0$$

$$\lim_{x\to 0^-} f(x)=\lim_{x\to 0^-} x\sin\frac{1}{x}=0$$

$$\lim_{x\to 0^+} f(x)=\lim_{x\to 0^-} f(x)=f(0)$$

所以：函数 $f(x)=\begin{cases} x\sin\dfrac{1}{x}, & x\neq 0 \\ 0 & x=0 \end{cases}$ 在 $x=0$ 处连续.

同样的，若函数 $y=f(x)$ 在区间 I 上有定义，$\forall x_0\in I$，若 $\lim\limits_{x\to x_0} f(x)=f(x_0)$，则称函数 $y=f(x)$ 在区间 I 上连续.

连续函数通俗地说就是一条连绵不断的曲线.

5.4.2　初等函数的连续性

我们不加证明地给出如下的重要事实：

定理 5　一切基本初等函数都是其定义域上的连续函数.

由于任何初等函数都是由基本初等函数经过有限次四则运算与复合运算所得到，所以有：

定理 6　任何初等函数都是在其定义区间上的连续函数.

注：“任何初等函数都是在其定义区间上的连续函数”，而不是“任何初等函数都是在其定义域上的连续函数”.

例如：函数 $f(x)=\sqrt{x^2-1}+\sqrt{x^2+1}$ 是初等函数，其定义域为两点 $x_0=\pm 1$，在这两点的空心邻域中函数没有定义，无法讨论极限 $\lim\limits_{x\to x_0} f(x)$.

由上面初等函数的连续性，我们知道可以用函数的连续性求极限，即：

定理 7　如果函数 $f(x)$ 在 x_0 处连续，则 $\lim\limits_{x\to x_0} f(x)=f(x_0)$.

这个定理把求极限的问题转化为了计算函数值的问题.

下面举个利用函数的连续性求极限的例子.

【例 5-38】 求$\lim\limits_{x\to0}\dfrac{\ln(1+x^2)}{\cos x}$的值.

解 由于$x=0$是初等函数$\dfrac{\ln(1+x^2)}{\cos x}$定义域内的点，利用初等函数连续性，可得：

$$\lim_{x\to0}\frac{\ln(1+x^2)}{\cos x}=\frac{\ln(1+0)}{\cos 0}=0.$$

5.4.3 闭区间上连续函数的性质

定理 8 （最大值和最小值定理）闭区间上的连续函数一定存在最大值和最小值，即：

设函数$f(x)$在$[a,b]$上连续，则$f(x)$在$[a,b]$上必有最大最小值，即$\exists\xi_1,\xi_2\in[a,b]$，使得对$\forall x\in[a,b]$，有$m=f(\xi_1)\leqslant f(x)\leqslant f(\xi_2)=M$.

注意：(1) 区间必须是闭区间，否则结论不成立；如：$y=\dfrac{1}{x}$，$x\in(1,3)$.

(2) 函数必须连续，如：

$$f(x)=\begin{cases}-\dfrac{1}{x} & -1\leqslant x<0\\ \dfrac{1}{x} & 0<x\leqslant1\end{cases}$$

在$[-1,1]$上面不连续，没有最大值.

(3) 若是在闭区间上严格单调的连续函数，最大最小值在区间的端点处取得.

(4) 这个条件只是充分条件，而非必要条件.

推论 闭区间上的连续函数必是有界的.

定理 9 （介值定理）设$f(x)$在$[a,b]$上连续，且$f(x)$在$[a,b]$上的最大、最小值分别为M、m，则对于M、m之间的任一数c，至少存在一点$\xi\in(a,b)$，使得$f(\xi)=c$.

图 5-3 说明闭区间上的连续函数必存在最大值和最小值，且至少存在一点$\xi\in(a,b)$，使得定理 9 成立.

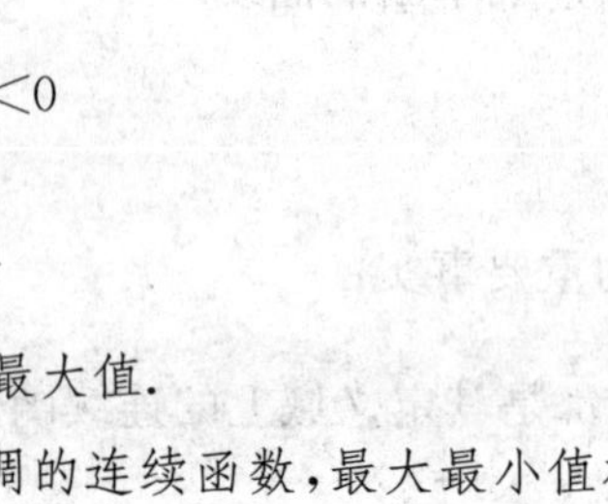

图 5-3

定理 10　(零点定理或根的存在性定理)设函数 $f(x)$ 在 $[a,b]$ 上连续，且 $f(a)f(b)<0$ (异号)，那么在开区间 (a,b) 内至少有函数 $f(x)$ 的一个零点，即：至少存在一点 $\xi\in(a,b)$ 使得 $f(\xi)=0$，即 ξ 是方程 $f(x)=0$ 的根.

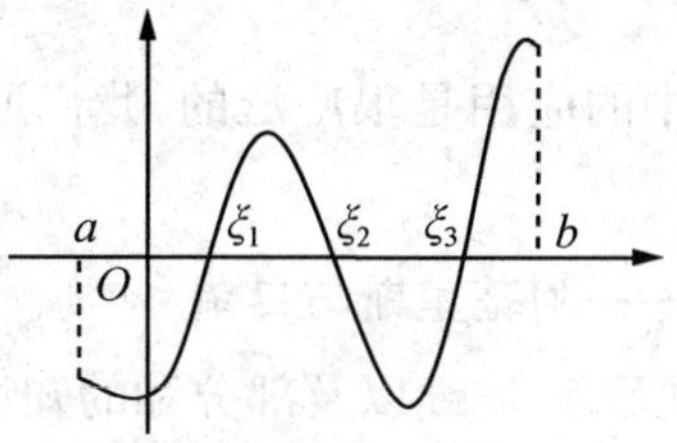

图 5-4

运用零点定理可判断方程的根的情况. 图 5-4 说明至少一点经过 x 轴，即方程 $f(x)=0$ 至少存在一个根.

【例 5-39】　证明方程 $x^3-4x^2+1=0$ 在区间 $(0,1)$ 内至少有一个根.

证明　函数 $f(x)=x^3-4x^2+1$ 在闭区间 $[0,1]$ 上连续，又

$$f(0)=1>0,f(1)=-2<0.$$

根据零点定理，在区间 $(0,1)$ 内至少有一点 ξ，使得 $f(\xi)=0$ 即

$$\xi^3-4\xi^2+1=0(0<\xi<1).$$

这就说明方程 $x^3-4x^2+1=0$ 在区间 $(0,1)$ 内至少有一个根.

练习 5-4

1. 求下列各式的极限.

(1) $\lim\limits_{x\to4}\dfrac{\sqrt{x+5}-3}{x-4}$；　　(2) $\lim\limits_{x\to1}\dfrac{e^{-x}+\cos(x^2-1)}{2x-1}$；

(3) $\lim\limits_{x\to\frac{\pi}{2}}\dfrac{\ln(1+\cos x)}{\sin x}$；　　(4) $\lim\limits_{x\to0}\ln\cos x$.

2. 证明方程 $x^3+x^2-7x=2$ 在 $(0,3)$ 内至少有一个根.

5.5 极限和连续的应用

函数的极限和连续在生活中的应用是很广泛的,我们通过下面的2个例子来熟悉一下它们的应用.

第一个例子——芝诺悖论——阿基里斯与乌龟

公元前5世纪,芝诺用他的无穷、连续以及部分和的知识,引发出以下著名的悖论:他提出让阿基里斯和乌龟之间举行一场赛跑,并让乌龟在阿基里斯前面一段距离,那么阿基里斯永远追不上乌龟.芝诺辩解说,阿基里斯能够继续逼近乌龟,但他决不可能追上它.

这里借用阿基里斯追龟故事讲解一番当时人们是怎样被误导的.

话说一只老龟挑战勇士阿基里斯(Achilles),要和他赛跑,并且声称只要阿基里斯让它先前一点,它就会赢.阿基里斯好笑,心想我是大能的勇士,飞毛腿,而你老龟行动缓慢,身体笨拙.

"你需要先前多远?"他笑问老龟.

"十米."老龟答道.阿基里斯笑得比以前更欢."如此看来,你定要失败."他告诉老龟,"如果你愿意的话,就让我们赛跑吧."

"你错了."老龟说,"通过简单的争论,就能证明'我要赢'."

"那你说给我听听."阿基里斯回答说,然而必胜的信心似乎比以前少了些.他知道自己是一个超级运动员,但是,他也知道老龟智慧超群,而且,从前在多次巧辩之中,自己都败给了它.

"假如,"老龟开始论道,"你让我先前十米.你会飞快地跑完我们之间的那十米,你说对吧?"

"很快地."阿基里斯坚定地回答.

"那时,你认为我应该跑了多远?"

"或许一米,也可能多点."阿基里斯稍微考虑了一下回答.

"很好."老龟说."现在我们之间有一米的差距.你会很快跑完我们之间的那段距离,是吧?"

"确实很快!"

"然而,那时我也已经向前迈进了一些,而你又必须跑完我们之间的那段距离,是吧?"

"这个……,是的."阿基里斯回答有点慢了.

"当你跑完那段距离时,我又已经前进了一些,而你又必须跑完这段我们之间新增的距离.”老龟四平八稳地说着.阿基里斯什么也没再说了.

“所以你看,在每一时刻,你必须跑完我们之间的距离,而我,同时又能前进一点,新前进的距离虽然小,然而你却必须要相继去跑完.”

“真的,情况确实如此.”阿基里斯无奈地回答.

“所以,你永远追不上我.”老龟同情地得出了结论.

“你对了,永远正确.”阿基里斯伤心地说道,于是取消了比赛.

这个故事生动有趣,老龟的聪明狡猾也可说是无人能比.孙子兵法讲不战而屈人之兵是兵法的上上策,这老龟可是把孙子兵法发挥到了极致,不用四肢只用舌头就彻底降服了飞毛腿阿基里斯,也让人类烦恼了两千多年.

那你知道这个故事错误在什么地方么?这个故事和中国的一句古语“一尺之锤,日取其半,万世不竭”有什么共同的地方么?

第二个例子——生活中的复利问题

同学们,我们如果去银行存款,第一期的利息与本金之和作为第二期的本金,然后反复计息.你能推算出这个复利计息公式么?

我们假设本金为 p,年利率为 r,一年后的本利和为 s_1,则

$$s_1=p+pr=p(1+r),$$

把 s_1 作为本金存入的话,第二年的本利和为:

$$s_2=s_1(1+r)=p\,(1+r)^2,$$

以此类推,第 n 年末的本利和为

$$s_n=p\,(1+r)^n,$$

这就是以年为期的复利公式.

若把一年均分为 t 期计息,这时每期利率可以认为是$\frac{r}{t}$,于是推得 n 年的本利和为:

$$s_n=p\left(1+\frac{r}{t}\right)^m,m=nt.$$

假设计息期无限缩短,则期数 $t\to\infty$,于是得到连续复利的计算公式为:

$$s_n=\lim_{t\to\infty}p\left(1+\frac{r}{t}\right)^{nt}=pe^{rn}$$

同学们,利用刚刚得到的公式计算下面这个题目:

某项工程四年建成,每年初向银行贷款 100 万元,年名义利率 8%,每月计息一次,工程建成后应向银行偿还的本利和是多少?

最后得到的答案为:490.18(万元).

亲爱的同学们,你们可以举出一些生活中的其他例子么?试试看.

练习 5-5

1. 举例说明极限和连续在生活中的应用.

2. 写一篇与自己生活相关的小的论文报告,熟悉并掌握利息计算公式.

本章小结

一、主要内容

本章主要讲述了函数的极限和连续两个问题.

1. 极限

在了解数列极限的定义,函数极限的定义,极限存在的充分必要条件的基础上,给出了极限的运算法则和求解极限的方法,要求掌握课本上面的求解极限的相关方法.

对两个重要极限,有理分式的极限求法、双面加准则、有理化、连续性等要灵活掌握并会求解.

2. 连续

利用极限的定义,给出了连续的定义和初等函数连续性的相关知识,及怎样利用连续性求解函数的极限.并给出了闭区间上连续函数的几个相应性质和根的介值定理.

二、应注意的问题

1. 要摆脱以往定式思维的约束,理解无限接近的思想,并善于用无限的思维方法,求解生活中的问题.

2. 极限和连续的区别和联系.

要从定义、方法等各个方面了解两者的异同,并相互应用.

3. 对求解极限的方法一定要灵活掌握,融会贯通.

复习题 5

1. 设 $f(x)=\arccos\dfrac{x}{2}$，求 $f(0),f(1),f(-\sqrt{3}),f(-\sqrt{2})$.

2. 已知函数的表达式如下：

$$f(x)=\begin{cases}0, & x<0\\ 2x, & 0\leqslant x<\dfrac{1}{2}\\ 2(1-x), & \dfrac{1}{2}\leqslant x<1\\ 0, & x\geqslant 1\end{cases}$$

求 $f\left(-\dfrac{1}{2}\right),f\left(\dfrac{1}{3}\right),f\left(\dfrac{3}{4}\right),f(2)$ 的值.

3. 指出下列函数的复合过程：

(1) $y=2\sqrt{4-x^2}$；

(2) $y=\sin^2 x$；

(3) $y=\arccos(\ln x+1)$；

(4) $y=\sin\sqrt{1-x^2}$.

4. 设函数 $f(x)=\begin{cases}2^{-x}, & x\in(-\infty,1)\\ \log_2 x, & x\in[1,+\infty)\end{cases}$.

(1) 求 $f[f(2)]$ 的值；

(2) 若 $f(x)>4$，求 x 的取值范围.

5. 观察下列数列的通项当 $n\to\infty$ 时的变化趋势，写出它们的极限.

(1) $x_n=1-\dfrac{1}{2^n}$；　　(2) $x_n=\dfrac{n}{n+1}$；

(3) $x_n=\dfrac{(-1)n^{-1}}{n}$；　　(4) $x_n=(-1)^n n$；

(5) $y_n=\sin n\pi$；　　(6) $y_n=\dfrac{n-1}{n+1}$.

6. 观察并写出下列极限值.

(1) $\lim\limits_{x\to\infty}\dfrac{1}{x^3}$；　　(2) $\lim\limits_{x\to+\infty}\left(\dfrac{1}{2}\right)^x$；

(3) $\lim\limits_{x\to\infty}\left(2+\dfrac{1}{x}\right)$； (4) $\lim\limits_{x\to 1}\ln x$；

(5) $\lim\limits_{x\to 0}e^{-x}$； (6) $\lim\limits_{x\to 0}x^3$.

7. 计算下列各题.

(1) $\lim\limits_{x\to -1}\dfrac{x^2+2x+2}{x^2+1}$； (2) $\lim\limits_{x\to 2}\dfrac{x^2-4}{x-2}$；

(3) $\lim\limits_{x\to 4}\dfrac{\sqrt{x}-2}{x-4}$； (4) $\lim\limits_{x\to 0}\dfrac{x^2}{1-\sqrt{1+x^2}}$；

(5) $\lim\limits_{nx\to\infty}\dfrac{2^{n+1}+3^{n+1}}{2^n+3^n}$； (6) $\lim\limits_{x\to\infty}\dfrac{2x^2-1}{x^2-x-1}$；

(7) $\lim\limits_{x\to\infty}\dfrac{x^2+1}{x^4-3x^2+1}$； (8) $\lim\limits_{n\to\infty}\left[\dfrac{1}{1\times 2}+\dfrac{1}{2\times 3}+\cdots+\dfrac{1}{n(n+1)}\right]$.

8. 计算下列各极限.

(1) $\lim\limits_{x\to 0}\dfrac{\sin\dfrac{x}{2}}{x}$； (2) $\lim\limits_{x\to 0}\dfrac{\sin 2x}{\sin x}$；

(3) $\lim\limits_{x\to 0}\dfrac{\tan 3x}{x}$； (4) $\lim\limits_{x\to 0}\dfrac{1-\cos 2x}{x\sin x}$；

(5) $\lim\limits_{x\to 0}\dfrac{x(x+3)}{\sin x}$.

9. 证明方程 $e^x=3x$ 至少有一个小于 1 的正根.

趣味阅读

魏尔斯特拉斯的故事

1815 年出生于奥斯坦菲尔德的魏尔斯特拉斯直到四十岁，才最终从中学教学工作中解脱出来，在柏林大学得到一个教员职位. 到 1864 年，他才被授于大学的正教授，并把他的全部时间贡献给高等数学. 魏尔斯特拉斯把他杰出的教学才能用于大学教学，使他成为世界知名的杰出的高等数学教师.

魏尔斯特拉斯(Weierstrass, Karl Wilhelm Theodor)，1815 年生于德国威斯特代利亚地区的奥斯登费尔特，1897 年 2 月 19 日卒于柏林. 1834 年魏尔斯特拉斯进入波恩大学攻读财务管理，但他不喜欢父亲为他选的专业. 于是他把很多时间花在自由自在的放纵生活上，例如击剑，宴饮，夜游，他在这方面是首屈一指的. 当时普朗克在波恩执教，但他忙于各种事务，不能抽暇进行个别教学，所以魏尔斯特拉斯从他那里受益不多. 在校期间，魏尔斯特拉斯研读过拉普拉斯的《天体力学》和雅可比的《椭圆函数新理论基础》. 前者奠定了他终生对于动力学和微分方程论感兴趣的基础，后者对他当时的数学水平稍难了些. 他还钻研过斯坦纳的一些论文，后来成为斯坦纳数学论著的编纂者. 不过，这段时间，阿贝尔是他最大的鼓舞源泉. 他在晚年致友人的信中说：在 1830 年的《克雷尔杂志》上读到阿贝尔致勒让德的信，“在大学生涯中对我无比重要，从确定 $\lambda(x)$(阿贝尔引进的函数)满足的微分方程来直接导出其表示形式，这是我自己确立的第一个数学课题；我有幸得到了这个问题的解. 这促使我下决心献身数学，我是在第七学期作出这个决定的”. 1838 年秋，他令人惊讶的放弃成为法学博士候选人，因此离开波恩时他没有学位.

1839 年 5 月，魏尔斯特拉斯到明斯特附近的神学哲学院，遇到了使他终身铭记的古德曼. 古德曼热忠于椭圆函数，其基本思想是把函数展开为幂级数，这正是魏尔斯特拉斯的解析函数论的基石.

1840 年 2 月，魏尔斯特拉斯报名参加中学教师任职资格国家考试. 古德曼应魏尔斯特拉斯的请求为笔试出了一个很难的数学问题：求椭圆函数的幂级数展开. 而对于自己学生论文给予了高度评价. 1841 年 4 月，魏尔斯特拉斯通过口试，在明斯特文科中学见习一年. 1840 至 1842 年 1 月，魏尔斯特拉斯写下了 4 篇论文：《关于模函数的展开》，《单复变量解析函数的表示》，《幂级数论》，《借助代数微分方程定义的单复变量解析函数》(但直到他的全集刊印才面世). 这些论文显示了他建立函数论的基本思想和结构，其中有用幂级数定义复函数，椭圆函数的展开，圆环内解析函数的展开(早于罗朗两年)，幂级数系数的估计(独立于柯西)，一致收敛概念和解析开拓原理.

1848 年秋魏尔斯特拉斯转至东普鲁士不伦斯堡的皇家天主教文科中学，在该校年鉴上发表了《关于阿贝尔积分论》，这是一篇划时代的论文，可惜无人察觉.

1853 年，魏尔斯特拉斯在父亲家中度假，研究阿贝尔和雅可比留下的难题，精心写作关于阿贝尔函数的论文. 该论文于 1854 年发表于《克雷尔杂志》，引起数学界瞩目. 克雷尔说它表明作者已列入阿贝尔和雅可比的最出色的后继者的行列. 刘维尔称他为科学中划时代工作之一，并立即译成法文发表在他所创办的《纯粹与应用数学杂志》上. 雅可比的后继者、柯尼斯堡大学教授里歇洛说服校方授予魏尔斯特拉斯名誉博士学位,并亲赴不伦斯堡颁发证书.

在库默尔推荐下,1856 年柏林大学聘任魏尔斯特拉斯为副教授. 11 月 19 日,他当选为柏林科学院院士. 1864 年成为柏林大学教授.

在柏林大学就任后,魏尔斯特拉斯即着手系统建立数学分析(包括复分析)的基础,并进一步研究椭圆函数与阿贝尔函数. 几年以后他就闻名遐尔,成为德国以至全欧洲知名度最高的数学教授.

魏尔斯特拉斯于 1973 年出任柏林大学校长. 紧张的工作影响了他的健康,但其智力未见衰退. 他的 70 华诞庆典规模颇大,遍布全欧各地的学生赶来向他致敬. 10 年后的 80 大寿更加隆重,在某种程度上,他简直被看作德意志的民族英雄.

魏尔斯特拉斯与柯瓦列夫斯卡娅的友谊,是他后期生活中的一件大事. 柯瓦列夫斯卡娅于 1869 年在海德堡大学师事柯尼斯伯格,后者是魏尔斯特拉斯早期弟子之一. 1870 年秋,年方 20 聪慧美丽的柯瓦列夫斯卡娅见到了魏尔斯特拉斯,后者发现了她的优异天赋,试图说服柏林大学评议会同意她听课,但遭拒绝. 于是他抽出业余时间为她免费讲课,每周两次,一直持续到 1874 年秋,并帮助她以关于偏微分方程的著名论文在哥廷根获得学位. 1888 年,柯瓦列夫斯卡娅以刚体绕定点运动的研究获得巴黎科学院大奖,这对于他是极大慰藉. 两年后她的去世则是对他一个沉重打击,以至他烧毁了她写给他的全部信件.

1897 年初,魏尔斯特拉斯染上流行性感冒,后转为肺炎,于 2 月 19 日阖然长逝,享年 82 岁.

魏尔斯特拉斯在数学分析领域中的最大贡献,是在柯西、阿贝尔等开创的数学分析的严格化潮流中,以 $\varepsilon-\delta$ 语言,系统建立了实分析和复分析的基础,基本上完成了分析的算术化. 他引进了一致收敛的概念,并由此阐明了连续函数项级数的逐项积分和微分的定理. 在建立分析基础过程中,引进了实数轴和 n 维欧氏空间中一系列拓扑概念,并将黎曼积分推广到在一个可数集上不连续的函数上. 1872 年,魏尔斯特拉斯给出了第一个处处连续但处处不可微函数的例子,使人们意识到连续性与可微性的差异,由此引出了一系列诸如皮亚诺曲线等反常性态的函数的研究.

魏尔斯特拉斯以其解析函数理论与柯西、黎曼同为复变函数论的奠基人. 克莱因在比较魏尔斯特拉斯与黎曼时说:"黎曼具有非凡的直观能力,他的理解天才胜过所有时代的数学家. ……魏尔斯特拉斯主要是一位逻辑学者,他缓慢的、系统的逐步前进. 在他工作的分支中,他力图达到确定的形式. "庞加莱写到:"黎曼的方法首先是一种发现方法,而魏尔斯特拉斯的则首先是一种证明的方法. "

此外,魏尔斯特拉斯还在椭圆函数论,变分法,代数学等诸多领域中作出了巨大的贡献. 而且,他培养了大批的著名数学家,其中有 Engel, Bolza, Frobenius, Hensel, Holder, Hurwitz, Klein, Killing, Lie, Minkowsky, Runge, Schwarz, Stolz 等.

龙格说,魏尔斯特拉斯在其连续性课程中"自下而上地构筑了完美的数学大厦,其中任何想当然的、未经证明的东西没有立足之地". 这是对魏尔斯特拉斯教授的一个很好的概括.

第 6 章

导数、微分及其应用

我国的卫星发射技术已进入世界先进行列，火箭升空过程中飞行速度的变化非常快，我们对它每时每刻的飞行速度都必须准确地把握，才能确保火箭准时进入预定的轨道. 速度的变化快慢和函数的近似变化就是咱们这一章里要学习的重点知识——导数与微分.

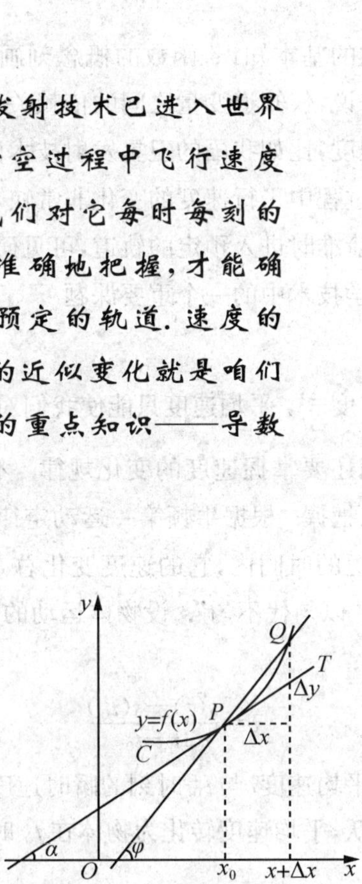

微分学作为分析研究函数的工具和方法，其主要包含两个重要的基本概念——导数与微分，其中导数反映了函数相对于自变量的变化的快慢程度，即变化率问题，而微分则刻画了当自变量有微小变化时，函数变化的近似值.

导数与微分的概念是建立在极限概念的基础上的，它是研究函数形态的有力工具. 本章将介绍导数与微分的概念，计算导数与微分的基本公式和方法.

6.1 导数的概念

6.1.1 引例

在第 5 章我们复习了函数的基本知识，函数的概念刻画了因变量随自变量变化的依赖关系，但是，对研究运动过程来说，仅知道变量之间的依赖关系是不够的，还需要进一步知道因变量随自变量变化的快慢程度，比如我国的卫星发射技术已进入世界先进行列，并且成功发射载人宇宙飞船，火箭升空过程中飞行速度的变化非常快，我们对它每时每刻的飞行速度都必须准确把握，才能确保火箭准时进入预定的轨道，可见研究物体每时每刻的速度是很重要的，掌握速度变化规律是科学技术中的一个重要课题.

1. 变速运动的速度问题

在中学里我们学过平均速度$\frac{\Delta s}{\Delta t}$，平均速度只能使我们对物体在一段时间内的运动大致情况有个了解，在生活中，我们还要掌握速度的变化规律. 不过瞬时速度的概念并不神秘，它可以通过平均速度的概念来把握. 根据牛顿第一运动定律，物体运动具有惯性，不管它的速度变化多么快，在一段充分短的时间内，它的速度变化总是不大的，可以近似看成匀速运动. 通常把这种近似代替称为“以匀代不匀”. 设物体运动的路程是时间的函数 $s(t)$，则在 t_0 到 t 这段时间内的平均速度为：

$$\bar{v}=\frac{s(t)-s(t_0)}{t-t_0}$$

可以看出 t 与 t_0 越接近，平均速度$\bar{v}$与 t_0 时刻的瞬时速度越接近，当 t 无限接近 t_0 时，平均速度$\bar{v}$就发生了一个质的飞跃，平均速度转化为物体在 t_0 时刻的瞬时速度，即物体在 t_0 时刻的瞬时速度为：

$$v(t_0)=\lim_{t\to t_0}\frac{s(t)-s(t_0)}{t-t_0}$$

照这种思想和方法计算自由落体的瞬时速度如下：

因为自由落体运动的运动方程为：$s=\frac{1}{2}gt^2, t\in[0,T]$

按照上面的公式：$v(t_0)=\lim\limits_{t\to t_0}\frac{s(t)-s(t_0)}{t-t_0}$

$$=\lim_{t\to t_0}\frac{\frac{1}{2}gt^2-\frac{1}{2}gt_0^2}{t-t_0}$$

$$=\lim_{t\to t_0}\frac{g}{2}(t+t_0)=gt_0.$$

这正是我们高中物理上自由落体运动的速度公式.

2. 切线问题

圆的切线可定义为“与曲线只有一个交点的直线”. 但是对于其他曲线,用“与曲线只有一个交点的直线”作为切线的定义就不一定合适. 例如,对于抛物线 $y=x^2$,在原点 O 处两个坐标轴都符合上述定义,但实际上只有 x 轴是该抛物线在点 O 处的切线. 下面给出切线的定义.

设有曲线 C 及 C 上的一点 M(图 6-1),在点 M 外另取 C 上一点 N,作割线 MN. 当点 N 沿曲线 C 趋于点 M 时,如果割线 MN 绕点 M 旋转而趋于极限位置 MT,直线 MT 就称为曲线 C 在点 M 处的切线. 这里极限位置的含义是:只要弦长 $|MN|$ 趋于零,$\angle NMT$ 也趋于零.

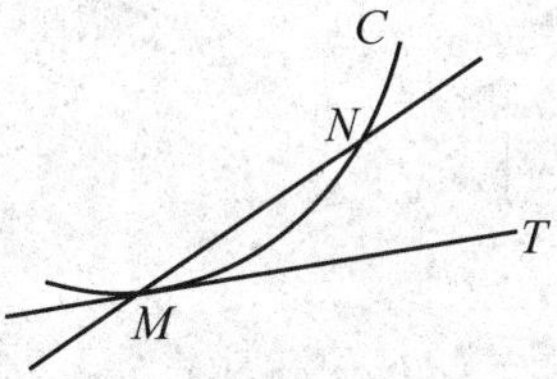

图 6-1

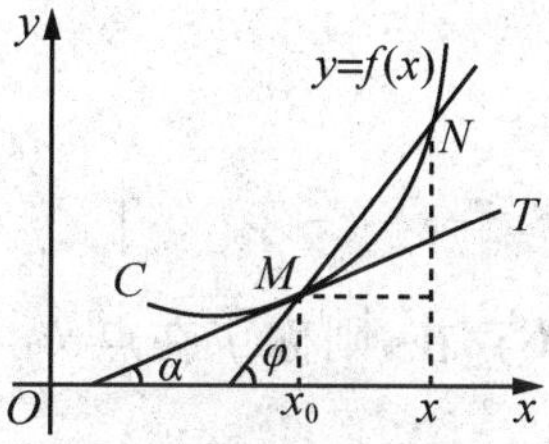

图 6-2

现在就曲线 C 为函数 $y=f(x)$ 的图形的情形来讨论切线问题. 设 $M(x_0,y_0)$ 是曲线 C 上的一个点(图 6-2),则 $y_0=f(x_0)$. 根据上述定义要定出曲线 C 在点 M 处的切线,只要定出切线的斜率就行了. 为此,在点 M 外另取 C 上的一点 $N(x,y)$,于是割线 MN 的斜率为:

$$\tan\varphi=\frac{y-y_0}{x-x_0}=\frac{f(x)-f(x_0)}{x-x_0}$$

其中 φ 为割线 MN 的倾角. 当点 N 沿曲线 C 趋于点 M 时,$x\to x_0$. 如果当 $x\to x_0$ 时,上式的极限存在,设为 k,即:

$$k=\lim_{x\to x_0}\frac{f(x)-f(x_0)}{x-x_0}$$

则此极限 k 是割线斜率的极限,也就是切线的斜率. 这里 $k=\tan\alpha$,其中 α 是切线 MT 的倾角. 于是,通过点 $M(x_0,f(x_0))$ 且以 k 为斜率的直线 MT 便是曲线 C 在点 M 处的切线. 事实上,由 $\angle NMT=\varphi-\alpha$ 以及 $x\to x_0$ 时 $\varphi\to\alpha$,可见 $x\to x_0$ 时(这时 $|MN|\to 0$),$\angle NMT\to 0$. 因此直线 MT 确为曲线 C 在点 M 处的切线.

6.1.2　导数的定义

上述的速度和切线的例子虽然各有其特殊内容,但如果撇开它们具体的物理意义,单从数量关系上看，它们有共同的本质：两者都表示函数因变量随自变量变化的快慢程度，即都反映了函数的变化率$\lim\limits_{x\to x_0}\dfrac{f(x)-f(x_0)}{x-x_0}$.

事实上，在学习物理学时会发现，在计算诸如物质比热、电流强度、线密度等问题中，尽管其背景各不相同，但最终都归化为讨论形如上面的极限问题，抽象出数学结构，引进“导数”的概念.

1. 导数的定义

设函数 $y=f(x)$在 x_0 的某邻域内有定义，若极限：

$$\lim_{x\to x_0}\frac{f(x)-f(x_0)}{x-x_0}$$

存在，则称函数 f 在点 x_0 处可导，并称该极限为 f 在点 x_0 处的导数，记作 $f'(x_0)$. 即：

$$f'(x_0)=\lim_{x\to x_0}\frac{f(x)-f(x_0)}{x-x_0}$$

也可以记为：

$$y'\Big|_{x=x_0},\frac{\mathrm{d}y}{\mathrm{d}x}\Big|_{x=x_0},\frac{\mathrm{d}f}{\mathrm{d}x}\Big|_{x=x_0}.$$

若上述极限不存在，则称 f 在点 x_0 处不可导.

注：令 $x=x_0+\Delta x$，$\Delta y=f(x_0+\Delta x)-f(x_0)$，则$\lim\limits_{x\to x_0}\dfrac{f(x)-f(x_0)}{x-x_0}$可改写为：

$$\lim_{\Delta x\to 0}\frac{\Delta y}{\Delta x}=\lim_{\Delta x\to 0}\frac{f(x_0+\Delta x)-f(x_0)}{\Delta x}=f'(x_0)$$

所以，导数是函数增量 Δy 与自变量增量 Δx 之比$\dfrac{\Delta y}{\Delta x}$的极限，这个增量比称为函数关于自变量的平均变化率（又称差商），而导数 $f'(x_0)$则为 f 在 x_0 处关于 x 的变化率，它能够近似描绘函数 $y=f(x)$ 在点 x_0 附近的变化性态.

注：(1) $\dfrac{\Delta y}{\Delta x}$反映的是曲线在$[x_0,x]$上的平均变化率，而 $f'(x)=\dfrac{\mathrm{d}y}{\mathrm{d}x}\Big|_{x=x_0}$是在点 x_0 的变化率，它反映了函数 $y=f(x)$随 $x\to x_0$ 而变化的快慢程度.

(2) 这里$\dfrac{\mathrm{d}y}{\mathrm{d}x}\Big|_{x=x_0}$与$\dfrac{\mathrm{d}f}{\mathrm{d}x}\Big|_{x=x_0}$中的$\dfrac{\mathrm{d}y}{\mathrm{d}x}$与$\dfrac{\mathrm{d}f}{\mathrm{d}x}$是一个整体记号，而不能视为分子 $\mathrm{d}y$ 或 $\mathrm{d}f$ 与分母 $\mathrm{d}x$，待到后面再讨论.

(3) 若$\lim\limits_{\Delta x\to 0}\dfrac{\Delta y}{\Delta x}=\infty$，也可称 $y=f(x)$在 $x=x_0$ 的导数为∞，因为此时 $y=f(x)$在 x_0 点的切线存在，它是垂直于 x 轴的直线 $x=x_0$.

【例 6-1】 求函数 $f(x)=x^2$ 在点 $x=1$ 和在任意点 x 处的导数.

解 (1) 由定义可得：

$$f'(1)=\lim_{\Delta x\to 0}\frac{f(1+\Delta x)-f(1)}{\Delta x}$$
$$=\lim_{\Delta x\to 0}\frac{(1+\Delta x)^2-1}{\Delta x}$$
$$=\lim_{\Delta x\to 0}\frac{2\Delta x+(\Delta x)^2}{\Delta x}$$
$$=2$$

(2) 任取 $x\in\mathbf{R}$,给自变量 x 一个增量 Δx,相应的函数增量为：

$$\Delta y=f(x+\Delta x)-f(x)$$
$$=(x+\Delta x)^2-x^2$$
$$=2x\Delta x+(\Delta x)^2$$

于是：

$$\frac{\Delta y}{\Delta x}=2x+\Delta x,$$

因此：

$$\lim_{\Delta x\to 0}\frac{\Delta y}{\Delta x}=\lim_{\Delta x\to 0}(2x+\Delta x)=2x$$

即：

$$(x^2)'=2x$$

注：更一般地，$f(x)=x^\mu$（μ 为常数）的导数为 $f'(x)=\mu x^{\mu-1}$，由此可求的：

$$(\sqrt{x})'=\frac{1}{2}\frac{1}{\sqrt{x}},\quad \left(\frac{1}{x}\right)'=-\frac{1}{x^2}(x\neq 0).$$

2. 导数的几何意义

我们已经知道 $f(x)$ 在点 $x=x_0$ 的切线斜率 k，正是割线斜率当 $x\to x_0$ 时的极限，即：

$$k=\lim_{x\to x_0}\frac{f(x)-f(x_0)}{x-x_0}.$$

由导数的定义，$k=f'(x_0)$，所以曲线 $y=f(x)$ 在点 (x_0,y_0) 的切线方程是：

$$y-y_0=f'(x_0)(x-x_0).$$

这就是说：函数 $f(x)$ 在点 x_0 的导数 $f'(x_0)$ 是曲线 $y=f(x)$ 在点 (x_0,y_0) 处的切线斜率，若 α 表示这条切线与 x 轴正向的夹角，则：

$$f'(x_0)=\tan\alpha.$$

从而 $f'(x_0)>0$ 意味着切线与 x 轴正向的夹角为锐角；$f'(x_0)=0$ 表示切线与 x 轴平行.

【例 6-2】 求曲线 $y=x^3$ 在点 $P(x_0,y_0)$ 处的切线方程与法线方程.

解　由于 $y'\Big|_{x=x_0}=3x_0^2$，

所以根据 $y-y_0=f'(x_0)(x-x_0)$，曲线 $y=x^3$ 在点 P 的切线方程为：

$$y-y_0=3x_0^2(x-x_0),$$

即：

$$y-x_0^3=3x_0^2(x-x_0).$$

由解析几何知道，若切线斜率为 k，则法线斜率为 $-\frac{1}{k}$，从而过点 P 的法线方程为：

$$y-x_0^3=-\frac{1}{f'(x_0)}(x-x_0),$$

因此曲线 $y=x^3$ 过点 $P(x_0\neq0)$ 的法线方程为：

$$y-x_0^3=-\frac{1}{3x_0^2}(x-x_0).$$

若 $x_0=0$，则法线方程为 $x=0$.

3. 函数在一点的单侧导数

类似于函数在一点有左、右极限，对于定义在某个闭区间或半开区间上的函数，如果要讨论该函数在端点处的变化率时，就要对导数概念加以补充，引出单侧导数的概念.

(1) 左、右导数

设函数 $y=f(x)$ 在点 x_0 的某右邻域 $(x_0,x_0+\delta)$ 上有定义，若右极限：

$$\lim_{\Delta x\to0^+}\frac{\Delta y}{\Delta x}=\lim_{\Delta x\to0^+}\frac{f(x_0+\Delta x)-f(x_0)}{\Delta x}(0<\Delta x<\delta)$$

或

$$\lim_{x\to x_0^+}\frac{f(x)-f(x_0)}{x-x_0}(x_0<x<x_0+\delta)$$

存在，则称该极限值为 f 在点 x_0 的右导数，记作 $f'_+(x_0)$，类似地，可定义左导数：

$$f'_-(x_0)=\lim_{\Delta x\to0^-}\frac{f(x_0+\Delta x)-f(x_0)}{\Delta x}$$

右导数和左导数统称为单侧导数.

(2) 右导数、左导数与导数的关系

如同左、右极限与极限之间的关系，导数与单侧导数的关系是：

定理 1 若函数 $f(x)$ 在点 x_0 的某邻域内有定义，则 $f'(x_0)$ 存在的充分必要条件是：$f'_+(x_0)$，$f'_-(x_0)$ 都存在，且 $f'_+(x_0)=f'_-(x_0)$.

说明：分段函数在分界点处讨论导数便是依据这一结论，通过左、右导数来判断该点是否存在导数及若存在应等于什么.

【例 6-3】 求函数 $f(x)=|x|$ 在点 $x=0$ 处导数.

解 因为 $f'_-(0)=\lim\limits_{x\to0^-}\frac{|x|-0}{x}=\lim\limits_{x\to0^-}\frac{-x}{x}=-1$；

$$f'_{+}(0)=\lim_{x\to 0^{+}}\frac{|x|-0}{x}=\lim_{x\to 0^{+}}\frac{x}{x}=1;$$

所以：
$$f'_{-}(0)\neq f'_{+}(0);$$

故：函数 $f(x)=|x|$ 在点 $x=0$ 处不可导.

4. 导函数

若函数 f 在区间 I 上每一点都可导(对区间端点，仅考虑相应的单侧导数)，则称 f 为 I 上的可导函数. 此时对每一个 $x\in I$，都有 f 的一个导数 $f'(x)$(或单侧导数)与之对应，这样就定义了一个在 I 上的函数，称为 f 在 I 上的导函数，也简称为导数，记作：

$$f'(x),y',\frac{\mathrm{d}y}{\mathrm{d}x},\frac{\mathrm{d}f}{\mathrm{d}x};$$

即：

$$f'(x)=\lim_{\Delta x\to 0}\frac{f(x+\Delta x)-f(x)}{\Delta x}\quad x\in I.$$

说明：(1) 区间上的可导概念与连续一样，也是逐点定义的局部概念.

(2) 在物理学中导数也常用牛顿记号 y' 表示，而记号 $\frac{\mathrm{d}y}{\mathrm{d}x}$ 是莱布尼茨首先引用的. 目前我们把 $\frac{\mathrm{d}y}{\mathrm{d}x}$ 看作为一个整体，也可把它理解为 $\frac{\mathrm{d}}{\mathrm{d}x}$ 施加于 y 的求导运算，待到学过"微分"之后，将说明这个记号实际上是一个"商"，相应于上述各种表示导数的形式，$f'\Big|_{x=x_0}$ 或 $\frac{\mathrm{d}y}{\mathrm{d}x}\Big|_{x=x_0}$.

由导数的定义不难发现，在求导数时可以分为以下三个步骤：

(1) 求增量：

$$\Delta y=f(x+\Delta x)-f(x);$$

(2) 算比值：

$$\frac{\Delta y}{\Delta x}=\frac{f(x_0+\Delta x)-f(x_0)}{\Delta x};$$

(3) 取极限：

$$y'=\lim_{\Delta x\to 0}\frac{\Delta y}{\Delta x}.$$

下面，我们给出几个例子.

【例 6-4】　求函数 $f(x)=c$(c 为常数)的导数.

解　在 $f(x)=c$ 中，不论 x 取何值，其函数值总为 c，所以，对应于自变量的增量 Δx，有：

$$\Delta y\equiv 0\Rightarrow\frac{\Delta y}{\Delta x}=0,\Rightarrow\lim_{\Delta x\to 0}\frac{\Delta y}{\Delta x}=0,$$

即：
$$(c)'=0.$$

注：这里是指 $f(x)=c$ 在任一点的导数均为 0，即导函数为 0.

【例 6-5】 求正弦函数 $f(x)=\sin x$ 的导函数.

解 (1) 求增量:

$\forall x\in\mathbf{R}, f(x+\Delta x)=\sin(x+\Delta x)$,

$\Delta y=f(x+\Delta x)-f(x)=\sin(x+\Delta x)-\sin x$,

(2) 算比值:

$$\frac{\Delta y}{\Delta x}=\frac{\sin(x+\Delta x)-\sin x}{\Delta x}$$
$$=\frac{2\cos\left(x+\frac{\Delta x}{2}\right)\sin\frac{\Delta x}{2}}{\Delta x}$$
$$=\cos\left(x+\frac{\Delta x}{2}\right)\frac{\sin\frac{\Delta x}{2}}{\frac{\Delta x}{2}},$$

(3) 取极限:

$$\lim_{\Delta x\to 0}\frac{\Delta y}{\Delta x}=\lim_{\Delta x\to 0}\cos\left(x+\frac{\Delta x}{2}\right)\frac{\sin\frac{\Delta x}{2}}{\frac{\Delta x}{2}}$$
$$=\lim_{\Delta x\to 0}\cos\left(x+\frac{\Delta x}{2}\right)\cdot\lim_{\Delta x\to 0}\frac{\sin\frac{\Delta x}{2}}{\frac{\Delta x}{2}}$$
$$=\cos x.$$

$\left(\text{已知}\lim_{\Delta x\to 0}\cos\left(x+\frac{\Delta x}{2}\right)=\cos x, \lim_{\Delta x\to 0}\frac{\sin\frac{\Delta x}{2}}{\frac{\Delta x}{2}}=1\right)$.

即正弦函数 $\sin x$ 在 $\mathbf{R}$ 上任意 x 都可导,并且:

$$(\sin x)'=\cos x.$$

同样,余弦函数 $\cos x$ 在定义域 $\mathbf{R}$ 也可导,并且:

$$(\cos x)'=-\sin x.$$

【例 6-6】 求对数函数 $f(x)=\log_a x\,(0<a\neq 1, x>0)$ 在 x 的导数.

解 (1) 求增量:

$$f(x+\Delta x)=\log_a(x+\Delta x)\,(x+\Delta x>0),$$
$$\Delta y=f(x+\Delta x)-f(x)=\log_a(x+\Delta x)-\log_a x$$
$$=\log_a\left(1+\frac{\Delta x}{x}\right).$$

(2) 算比值:

$$\frac{\Delta y}{\Delta x}=\frac{1}{\Delta x}\log_a\left(1+\frac{\Delta x}{x}\right)=\frac{1}{x}\frac{x}{\Delta x}\log_a\left(1+\frac{\Delta x}{x}\right)$$
$$=\frac{1}{x}\log_a\left(1+\frac{\Delta x}{x}\right)^{\frac{x}{\Delta x}},$$

(3) 取极限：

$$\lim_{\Delta x\to 0}\frac{\Delta y}{\Delta x}=\lim_{\Delta x\to 0}\frac{1}{x}\log_a\left(1+\frac{\Delta x}{x}\right)^{\frac{x}{\Delta x}}$$
$$=\frac{1}{x}\log_a\left[\lim_{\Delta x\to 0}\left(1+\frac{\Delta x}{x}\right)^{\frac{x}{\Delta x}}\right]$$
$$=\frac{1}{x}\log_a e=\frac{1}{x\ln a},$$

$\left(\text{已知}\lim_{\Delta x\to 0}\left(1+\frac{\Delta x}{x}\right)^{\frac{x}{\Delta x}}=e, \log_a e=\frac{\ln e}{\ln a}=\frac{1}{\ln a}\right)$.

即对数函数$\log_a x$ 在定义域$(0,+\infty)$内任意 x 都可导. 于是它在$(0,+\infty)$内可导，并且

$$(\log_a x)'=\frac{1}{x\ln a}.$$

特别是，自然对数函数($a=e$)，有

$$(\ln x)'=\frac{1}{x\ln e}=\frac{1}{x}.$$

练习 6-1

1. 导数可否表示成下列形式？

(1) $f'(x_0)=\lim\limits_{h\to 0}\frac{f(x_0)-f(x_0-h)}{h}$；

(2) $f'(x_0)=\lim\limits_{h\to 0}\frac{f(x_0+h)-f(x_0)}{h}$.

2. 若函数 $f(x)=x^2$ 在(x_0,y_0)处的切线斜率为 3，求点(x_0,y_0)的坐标.

3. 已知 $f'(x_0)=A$，求$\lim\limits_{h\to 0}\frac{f(x_0+h)-f(x_0-h)}{h}$.

4. 求函数 $y=\frac{1}{x}$ 在 $x_0(x_0\neq 0)$处的导数.

5. 利用前面例题结论，求下列函数的导数：

(1) $y=x^{20}$；　　(2) $y=x^{\frac{7}{6}}$；　　(3) $y=x^4\cdot\sqrt{x}$.

6.2 函数的求导法则

6.2.1 导数的四则运算法则

求导数的运算是微积分的基本运算，我们必须很好的把握. 上节中，我们用定义法求了几个函数的导数，但是计算太麻烦. 那存在一些简单的求导数的方法么？答案是肯定的. 为了能较方便地求出初等函数的导数，本节我们将介绍函数的求导法则.

根据导数定义，很容易得到函数和、差、积、商的求导法则：

定理 2 若函数 $u(x)$ 与 $v(x)$ 在点 x 处可导，则函数 $u(x)\pm v(x)$，$u(x)v(x)$，$\dfrac{u(x)}{v(x)}$ $(v(x)\neq 0)$ 在 x 处也可导，并且具有如下的法则：

(1) $[u(x)\pm v(x)]'=u'(x)\pm v'(x)$；

(2) $[u(x)\cdot v(x)]'=u'(x)v(x)+u(x)v'(x)$；

特别地，当 $v(x)=c$ 时，$[cu(x)]'=cu'(x)$；

(3) $\left[\dfrac{u(x)}{v(x)}\right]'=\dfrac{u'(x)v(x)-u(x)v'(x)}{v^2(x)}$；

特别地，当 $u(x)=c$ 时，有：

$\left[\dfrac{c}{v(x)}\right]'=\dfrac{-cv'(x)}{[v(x)]^2}$.

推广 1：若函数 $u_1(x)$，$u_2(x)$，…，$u_n(x)$ 都在点 x 处可导，则函数 $u_1(x)\pm u_2(x)\pm\cdots\pm u_n(x)$ 在点 x 处也可导，且：

$[u_1(x)\pm u_2(x)\pm\cdots u_n(x)]'=u'_1(x)\pm u'_2(x)\pm\cdots\pm u'_n(x)$.

推广 2：若函数 $u_1(x)$，$u_2(x)$，…，$u_n(x)$ 都在 x 处可导，则函数 $u_1(x)u_2(x)\cdots u_n(x)$ 在 x 处也可导，且：

$[u_1(x)u_2(x)u_n(x)]'=u'_1(x)u_2(x)u_n(x)+u_1(x)u'_2(x)u_n(x)++u_1(x)u_2(x)u'_n(x)$.

【例 6-7】 求函数 $f(x)=\sqrt{x}+\sin x+5$ 的导数.

解 由四则运算法则(1)可得：

$$f'(x)=(\sqrt{x}+\sin x+5)'$$

$$=(\sqrt{x})'+(\sin x)'+(5)'$$

$$=\frac{1}{2\sqrt{x}}+\cos x.$$

【例 6-8】 求函数 $f(x)=\sqrt{x}\sin x$ 的导数.

解　由四则运算法则(2)可得：

$$\begin{aligned}f'(x)&=(\sqrt{x}\sin x)'\\&=\sqrt{x}(\sin x)'+\sin x(\sqrt{x})'\\&=\sqrt{x}\cos x+\sin x\cdot\frac{1}{2\sqrt{x}}\\&=\sqrt{x}\cos x+\frac{\sin x}{2\sqrt{x}}\end{aligned}$$

【例 6-9】 已知函数 $y=\tan x$，求 y'.

解

$$\begin{aligned}y'&=(\tan x)'=\left(\frac{\sin x}{\cos x}\right)'\\&=\frac{\cos^2 x+\sin^2 x}{\cos^2 x}\\&=\frac{1}{\cos^2 x}=\sec^2 x,\end{aligned}$$

即

$$(\tan x)'=\sec^2 x.$$

这就是正切函数的导数公式.

【例 6-10】 $y=\sec x$，求 y'.

解

$$\begin{aligned}y'&=(\sec x)'=\left(\frac{1}{\cos x}\right)'\\&=\frac{(1)'\cos x-1\cdot(\cos x)'}{\cos^2 x}\\&=\frac{\sin x}{\cos^2 x}=\sec x\tan x\end{aligned}$$

即：

$$(\sec x)'=\sec x\tan x.$$

这就是正割函数的导数公式.

用类似方法，还可求得余切函数及余割函数的导数公式：

$$(\cot x)'=-\csc^2 x,$$

$$(\csc x)'=-\csc x\cot x.$$

6.2.2　反函数的求导法则

若$\frac{\mathrm{d}y}{\mathrm{d}x}$存在且不为零，则$\frac{\mathrm{d}x}{\mathrm{d}y}=\frac{1}{\frac{\mathrm{d}y}{\mathrm{d}x}}$. 由该公式及其函数的连续性，我们可以由直接函数的

导数，求出其反函数的导数：

定理3 设$y=f(x)$为$x=\varphi(y)$的反函数，若$\varphi(y)$在点y的某邻域内连续，严格单调且$\varphi'(y)\neq 0$，则$f(x)$在点$x(x=\varphi(y))$可导，且：

$$f'(x)=\frac{1}{\varphi'(y)} \quad 或 \quad \frac{dy}{dx}=\frac{1}{\frac{dx}{dy}}.$$

上述结论可简单地说成：反函数的导数等于直接函数导数的倒数.

【例6-11】 求$y=\arcsin x$的导数.

解 设$x=\sin y$为直接函数，则$y=\arcsin x$是它的反函数. 函数$x=\sin y$在开区间$I_Y=\left(-\frac{\pi}{2},\frac{\pi}{2}\right)$内单调可导，且$(\sin y)'=\cos y>0$. 因此由定理3，在对应区间$I_x=(-1,1)$内有$(\arcsin x)'=\frac{1}{(\sin y)'}=\frac{1}{\cos y}$. 又因为$\cos y=\sqrt{1-\sin^2 y}=\sqrt{1-x^2}$（因为当$-\frac{\pi}{2}<y<\frac{\pi}{2}$时，$\cos y>0$，所以根号前只取正号），从而得反正弦函数的导数公式：

$$(\arcsin x)'=\frac{1}{\sqrt{1-x^2}}.$$

用类似的方法可得反余弦函数的导数公式：

$$(\arccos x)'=-\frac{1}{\sqrt{1-x^2}}.$$

同样我们可得到

$$(\arctan x)'=\frac{1}{1+x^2};$$

$$(\text{arccot}\, x)'=-\frac{1}{1+x^2};$$

$$(\log_a x)'=\frac{1}{x\ln a}.$$

【例6-12】 求指数函数$y=a^x(0<a\neq 1)$的导数.

解 已知指数函数$y=a^x$是对数函数$x=\log_a y$的反函数，有：

$$(a^x)'=\frac{1}{(\log_a y)'}=\frac{1}{\frac{1}{y\ln a}}=y\ln a=a^x\ln a,$$

即

$$(a^x)'=a^x\ln a.$$

特别地，当$a=e$时，有$(e^x)'=e^x\ln e=e^x$.

到目前为止，所有基本初等函数的导数我们都求出来了，那么由基本初等函数构成的较复杂的初等函数的导数如何求呢？如函数$\ln\sin x$、e^{x^3}的导数怎样求？这就归结到复合函数的求导问题.

6.2.3　复合函数的求导法则

复合函数的求导问题是最常见的问题，对一个复合函数往往有这 2 个问题：(1) 是否可导？(2) 即使可导，导数如何求？下面的定理 4 给出了复合函数求导公式，就能解决这两个问题.

定理 4　如果函数 $u=\varphi(x)$ 在点 x 可导，而函数 $y=f(u)$ 在对应点 $u=\varphi(x)$ 可导，则复合函数 $y=f[\varphi(x)]$ 在点 x 可导，且其导数为：

$$\frac{\mathrm{d}y}{\mathrm{d}x}=\frac{\mathrm{d}y}{\mathrm{d}u}\cdot\frac{\mathrm{d}u}{\mathrm{d}x}\text{或}\{f[\varphi(x)]\}'=f'(u)\cdot\varphi'(x).$$

这个定理说明复合函数 $y=f[\varphi(x)]$ 对自变量 x 的导数等于函数 $y=f(u)$ 关于中间变量 u 的导数与中间变量 u 关于自变量 x 的导数的乘积.

注：(1) 定理 4 的条件是充分的，而不是必要的.

如：函数 $u=\varphi(x)=x^2$ 在点 $x=0$ 处可导，$y=f(u)=|u|$ 在点 $u=0$ 处不可导，而复合函数 $y=f[\varphi(x)]=x^2$ 在点 $x=0$ 处可导.

(2) 此定理可推广到多个中间变量，此时结论仍然成立.

【例 6-13】　求 $y=\sin 5x$ 的导数.

解　函数 $y=\sin 5x$ 是函数 $y=\sin u$ 与 $u=5x$ 的复合函数. 由复合函数求导法则，有：

$$(\sin 5x)'=(\sin u)'(5x)'=\cos u\cdot 5=5\cos x..$$

【例 6-14】　求函数 $y=\ln(-x)(x<0)$ 的导数.

解　函数 $y=\ln(-x)$ 是函数 $y=\ln u$ 与 $u=-x$ 的复合函数，由复合函数求导法则有：

$$[\ln(-x)]'=(\ln u)'(-x)'=\frac{1}{u}\cdot(-1)=\frac{1}{x}.$$

将这一结果与 $(\ln x)'=\frac{1}{x}$ 合并，有：

$$(\ln|x|)'=\frac{1}{x}(x\neq 0).$$

这个题目可以推广到 $y=\ln|f(x)|(f(x)\neq 0)$ 的导数：

$$(\ln|f(x)|)'=\frac{f'(x)}{f(x)}(f(x)\neq 0).$$

【例 6-15】　$y=\ln\cos(\mathrm{e}^x)$，求 $\frac{\mathrm{d}y}{\mathrm{d}x}$.

解　所给函数可分解为：

$$y=\ln u,u=\cos v,v=\mathrm{e}^x.$$

因为

$$\frac{\mathrm{d}y}{\mathrm{d}u}=\frac{1}{u},\frac{\mathrm{d}u}{\mathrm{d}v}=-\sin v,\frac{\mathrm{d}v}{\mathrm{d}x}=\mathrm{e}^x,$$

所以我们有：

$$\begin{aligned}\frac{\mathrm{d}y}{\mathrm{d}x}&=\frac{1}{u}\cdot(-\sin v)\cdot \mathrm{e}^x\\&=-\frac{\sin(\mathrm{e}^x)}{\cos(\mathrm{e}^x)}\cdot \mathrm{e}^x\\&=-\mathrm{e}^x\tan(\mathrm{e}^x).\end{aligned}$$

不写出中间变量，此例可这样写：

$$\begin{aligned}\frac{\mathrm{d}y}{\mathrm{d}x}&=[\ln\cos(\mathrm{e}^x)]'\\&=\frac{1}{\cos(\mathrm{e}^x)}[\cos(\mathrm{e}^x)]'\\&=\frac{-\sin(\mathrm{e}^x)}{\cos(\mathrm{e}^x)}(\mathrm{e}^x)'\\&=-\mathrm{e}^x\tan(\mathrm{e}^x).\end{aligned}$$

通过上面的例子，我们知道，基本初等函数求导数的结论我们必须熟悉，只有这样才能更好更快地解出题目. 在解题时，若对复合函数的分解非常熟悉，可不必写出中间变量，而直接写出结果，但关键是弄清复合函数的复合关系是由哪些基本初等函数复合而成.

【例 6-16】 求函数 $y=\tan^3\ln x$ 的导数.

解 由复合函数的求导公式：

$$\begin{aligned}y'&=3\tan^2\ln x\cdot(\tan\ln x)'\\&=3\tan^2\ln x\cdot\frac{1}{\cos^2\ln x}\cdot(\ln x)'\\&=3\tan^2\ln x\cdot\frac{1}{\cos^2\ln x}\cdot\frac{1}{x}\\&=\frac{3\tan^2\ln x}{x\cos^2\ln x}.\end{aligned}$$

小结：为了解决初等函数的求导问题，前面已经学习了函数的和、差、积、商的求导法则以及反函数、复合函数的求导法则. 利用这些导数公式以及求导法则，可以比较方便地求初等函数的导数. 为了便于查阅，我们把这些基本初等函数的导数公式归纳如下：

(1) $(c)'=0$　　(2) $(x^\mu)'=\mu x^{\mu-1}$

(3) $(\sin x)'=\cos x$　　(4) $(\cos x)'=-\sin x$

(5) $(\tan x)'=\sec^2 x$　　(6) $(\cot x)'=-\csc^2 x$

(7) $(\sec x)'=\sec x\cdot\tan x$　　(8) $(\csc x)'=-\csc x\cdot\cot x$

(9) $(a^x)'=a^x\ln a$　　(10) $(\mathrm{e}^x)'=\mathrm{e}^x$

(11) $(\log_a x)'=\dfrac{1}{x\ln a}$　　(12) $(\ln x)'=\dfrac{1}{x}$

(13) $(\arcsin x)'=\dfrac{1}{\sqrt{1-x^2}}$　　(14) $(\arccos x)'=-\dfrac{1}{\sqrt{1-x^2}}$

(15) $(\arctan x)'=\dfrac{1}{1+x^2}$　　(16) $(\mathrm{arccot}\, x)'=-\dfrac{1}{1+x^2}$

6.2.4 高阶导数

函数 $y=f(x)$的导数 $y'=f'(x)$仍然是 x 的函数. 我们把 $y'=f'(x)$的导数叫做函数 $y=f(x)$的二阶导数,记作 y''或$\dfrac{\mathrm{d}^2y}{\mathrm{d}x^2}$,即:

$$y''=(y')'\text{或}\frac{\mathrm{d}^2y}{\mathrm{d}x^2}=\frac{\mathrm{d}}{\mathrm{d}x}\left(\frac{\mathrm{d}y}{\mathrm{d}x}\right).$$

相应地,把 $y=f(x)$的导数 $f'(x)$叫做函数 $y=f(x)$的一阶导数.

类似地,二阶导数的导数,叫做三阶导数,三阶导数的导数叫做四阶导数,…,一般地,$(n-1)$阶导数的导数叫做 n 阶导数,分别记作:

$$y''',y^{(4)},\cdots,y^{(n)}$$

或

$$\frac{\mathrm{d}^3y}{\mathrm{d}x^3},\frac{\mathrm{d}^4y}{\mathrm{d}x^4},\cdots,\frac{\mathrm{d}^ny}{\mathrm{d}x^n}.$$

函数 $y=f(x)$具有 n 阶导数,也常说成函数 $f(x)$为 n 阶可导. 如果函数 $f(x)$在点 x 处具有 n 阶导数,那么 $f(x)$在点 x 的某一邻域内必定具有一切低于 n 阶的导数. 二阶及二阶以上的导数统称高阶导数.

由此可见,求高阶导数就是多次接续地求导数. 所以,仍可应用前面学过的求导方法来计算高阶导数.

给大家举个现实生活中的例子:我们知道变速直线运动中速度是位置函数对时间的导数,而加速度是速度对时间的导数. 也就是说,加速度是位置函数对时间的二阶导数.

【例 6-17】 已知函数 $y=ax^2+bx+c$,求 $y'',y''',y^{(4)}$.

解　由$(x^\mu)'=\mu x^{\mu-1}$可得:

$$y'=2ax+b$$
$$y''=2a$$
$$y'''=0$$
$$y^{(4)}=0.$$

【例 6-18】 求正弦与余弦函数的 n 阶导数.

解 $$y=\sin x,$$

$$y'=\cos x=\sin\left(x+\frac{\pi}{2}\right),$$

$$y''=\cos\left(x+\frac{\pi}{2}\right)=\sin\left(x+\frac{\pi}{2}+\frac{\pi}{2}\right)=\sin\left(x+2\cdot\frac{\pi}{2}\right),$$

$$y'''=\cos\left(x+2\cdot\frac{\pi}{2}\right)=\sin\left(x+3\cdot\frac{\pi}{2}\right),$$

$$y^{(4)}=\cos\left(x+3\cdot\frac{\pi}{2}\right)=\sin\left(x+4\cdot\frac{\pi}{2}\right),$$

一般地,可得:

$$y^{(n)}=\sin\left(x+n\cdot\frac{\pi}{2}\right),$$

即:

$$(\sin x)^{(n)}=\sin\left(x+n\cdot\frac{\pi}{2}\right).$$

用类似方法,可得:

$$(\cos x)^{(n)}=\cos\left(x+n\cdot\frac{\pi}{2}\right).$$

此外,还有三个求导方法:隐函数求导方法、对数求导方法、参数方程求导方法,在这里我们不作介绍,有兴趣的同学可以自己查阅一下相关的知识进行学习.

练习 6-2

1. 若 $f(x)$,$g(x)$在点 x_0 处都不可导,则 $f(x)\cdot g(x)$,$f(x)+g(x)$在 x_0 处是否可导?为什么?

2. 求下列函数的导数.

(1) $y=x^2\cos x+\sin\frac{\pi}{7}$; (2) $y=e^x(x^2-3x+1)$;

(3) $y=\frac{x-1}{x+1}$.

3. 求下列函数的导数.

(1) $y=\ln(x+\sqrt{1+x^2})$; (2) $y=\frac{1}{2}\ln\frac{1+x}{1-x}$;

(3) $y=e^{x^3+x^2}$; (4) $y=(2x^2+1)^{10}$;

(5) $y=\ln(\cos e^x)$；　　(6) $y=\sin(mx)\sin^m x$；

(7) $y=e^{\sin^2\frac{1}{x}}$；　　(8) $y=\sqrt{x+\sqrt{x+\sqrt{x}}}$.

4. 已知曲线 $y=x^2+5x+4$，问 b 为何值时，直线 $y=3x+b$ 成为该曲线的切线.

5. 求下列函数的二阶导数.

(1) $y=xe^x$；　　(2) $y=\ln(1-x^2)$；

(3) $y=\cos^2 x\ln x$.

6.3　函数的微分

在前面两节，我们学习了导数及其运算法则，在这一节我们介绍微分学中的另一个基本概念——微分.

6.3.1　微分的概念

计算函数增量 $\Delta y=f(x_0+\Delta x)-f(x_0)$ 是我们非常关心的. 一般说来函数的增量的计算是比较复杂的，我们希望寻求计算函数增量的近似计算方法.

若函数 $f(x)$ 在点 x_0 可导，由导数定义，可得：

$$f'(x_0)=\lim_{\Delta x\to 0}\frac{f(x_0+\Delta x)-f(x_0)}{\Delta x}$$

利用前面讲过的极限与无穷小量之间的关系，上式可写为：

$$\begin{aligned}\Delta y&=f(x_0+\Delta x)-f(x_0)\\&=f'(x_0)\Delta x+o(\Delta x).\end{aligned}$$

即函数在 x_0 处的改变量 Δy 可表示成两部分：Δx 的线性部分 $f'(x_0)\Delta x$ 与 Δx 的高阶无穷小部分 $o(\Delta x)$. 当 Δx 充分小时，函数的改变量可由第一部分近似代替：

$$\Delta y\approx f'(x_0)\Delta x$$

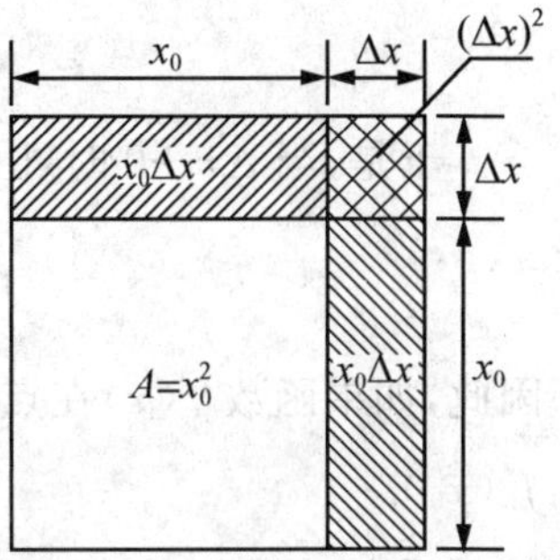

图 6-3

先分析一个具体问题，一块正方形金属薄片受温度变化的影响，其边长由 x_0 变到 $x_0+\Delta x$（图 6-3），问此薄片的面积改变了多少？

设此薄片的边长为 x，面积为 A，则 A 是 x 的函数：$A=x^2$. 薄片受温度变化的影响时面积的改变量，可以看成是当自变量 x 自

x_0 取得增量 Δx 时，函数 A 相应的增量 ΔA，即：

$$\Delta A=(x_0+\Delta x)^2-x_0^2=2x_0\Delta x+(\Delta x)^2.$$

从上式可以看出，ΔA 分成两部分，第一部分 $2x_0\Delta A$ 是 ΔA 的线性函数，即图中带有斜线的两个矩形面积之和，而第二部分 $(\Delta x)^2$ 在图中是带有交叉斜线的小正方形的面积，当 $\Delta x\to 0$ 时，第二部分 $(\Delta x)^2$ 是比 Δx 高阶的无穷小，即 $(\Delta x)^2=o(\Delta x)$. 由此可见，如果边长改变很微小，即 $|\Delta x|$ 很小时，面积的改变量 ΔA 可近似地用第一部分来代替.

一般地，如果函数 $y=f(x)$ 满足一定条件，则函数的增量 Δy 可表示为：

$$\Delta y=A\Delta x+o(\Delta x),$$

其中 A 是不依赖于 Δx 的常数，因此 $A\Delta x$ 是 Δx 的线性函数，且它与 Δy 之差：

$$\Delta y-A\Delta x=o(\Delta x),$$

是比 Δx 高阶的无穷小. 所以，当 $A\neq 0$，且 $|\Delta x|$ 很小时，我们就可近似地用 $A\Delta x$ 来代替 Δy.

定义 设函数 $y=f(x)$ 在某区间内有定义，$x_0+\Delta x$ 及 x_0 在这区间内，如果函数的增量：

$$\Delta y=f(x_0+\Delta x)-f(x_0),$$

可表示为：

$$\Delta y=A\Delta x+o(\Delta x).$$

其中 A 是不依赖于 Δx 的常数，而 $o(\Delta x)$ 是比 Δx 高阶的无穷小，那么称函数 $y=f(x)$ 在点 x_0 是可微的，而 $A\Delta x$ 叫做函数 $y=f(x)$ 在点 x_0 相应于自变量增量 Δx 的微分，记作 $\mathrm{d}y$，即：$\mathrm{d}y=A\Delta x$.

下面讨论函数可微的条件. 设函数 $y=f(x)$ 在点 x_0 可微，则按定义有：

$$\Delta y=A\Delta x+o(\Delta x)$$

式成立. 上式两边除以 Δx，得：

$$\frac{\Delta y}{\Delta x}=A+\frac{o(\Delta x)}{\Delta x}.$$

于是，当 $\Delta x\to 0$ 时，由上式就得到：

$$A=\lim_{\Delta x\to 0}\frac{\Delta y}{\Delta x}=f'(x_0).$$

因此，如果函数 $f(x)$ 在点 x_0 可微，则 $f(x)$ 在点 x_0 也一定可导（即 $f'(x_0)$ 存在），且 $A=f'(x_0)$.

反之，如果 $y=f(x)$ 在点 x_0 可导，这个在上面已经证明了，函数 $f(x)$ 在点 x_0 也是可微的.

由此可见，函数 $f(x)$ 在点 x_0 可微的充分必要条件是函数 $f(x)$ 在点 x_0 可导，且当 $f(x)$

在点 x_0 可微时，其微分一定是：

$$dy=f'(x_0)\Delta x.$$

特别当 $y=x$ 时，函数的微分 $dy=dx=\Delta x$.

这就表示自变量的微分 dx 就等于自变量的增量. 于是可将：

$$dy=f'(x)\Delta x,$$

改写为：

$$dy=f'(x)dx,$$

即函数的微分等于函数的导数与自变量的微分的积.

如果把 $dy=f'(x)dx$，写成：

$$f'(x)=\frac{dy}{dx};$$

那么函数的导数就等于函数的微分与自变量的微分的商. 因此导数也常称为微商. 函数 $y=f(x)$ 在任意点 x 的微分，称为函数的微分，记作 dy 或 $df(x)$，即：

$$dy=f'(x)\Delta x.$$

注 1：由微分的定义，我们可以把导数看成微分的商. 例如求 $\sin x$ 对 $\sqrt{x}$ 的导数时就可以看成 $\sin x$ 微分与 $\sqrt{x}$ 微分的商，即：

$$\frac{d\sin x}{d\sqrt{x}}=\frac{\cos x dx}{\frac{1}{2\sqrt{x}}dx}=2\sqrt{x}\cos x.$$

注 2：函数在一点处的微分是函数增量的近似值，它与函数增量仅相差 Δx 的高阶无穷小. 因此要会应用下面两个公式：

$$\Delta y\approx dy=f'(x_0)\Delta x,$$

$$f(x_0+\Delta x)\approx f(x_0)+f'(x_0)\Delta x.$$

作近似计算.

6.3.2　微分的几何意义

为了对微分有比较直观的了解，我们来说明微分的几何意义.

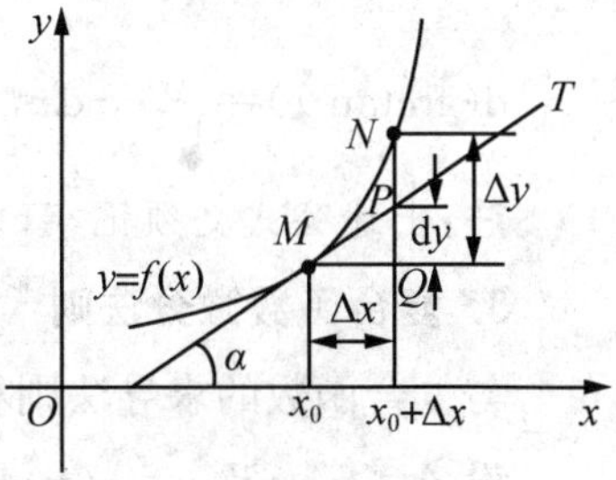

图 6-4

在直角坐标系中，函数 $y=f(x)$ 的图形是一条曲线. 对于某一固定的 x_0 值，曲线上有一个确定点 $M(x_0,y_0)$ 当自变量 x 有微小增量 Δx 时，就得到曲线上另一点 $N(x_0+\Delta x,y_0+\Delta y)$.

从图 6-4 可知：

$$MQ=\Delta x,$$

$$QN=\Delta y.$$

过 M 点作曲线的切线，它的倾角为 α，则

$$QP=MQ\cdot\tan\alpha=\Delta x\cdot f'(x_0),$$

即

$$dy=QP.$$

由此可见，当 Δy 是曲线 $y=f(x)$ 上的 M 点的纵坐标的增量时，dy 就是曲线的切线上 M 点的纵坐标的相应增量. 当 $|\Delta x|$ 很小时，$|\Delta y-dy|$ 比 $|\Delta x|$ 小得多. 因此在点 M 的邻近，我们可以用切线段来近似代替曲线段.

6.3.3 基本初等函数的微分公式与微分运算法则

由 $dy=f'(x)dx$，很容易得到微分的运算法则及微分公式表(其中的 u、v 都可导)：

1. 微分的运算法则

$d(u\pm v)=du\pm dv$；

$d(Cu)=Cdu$；

$d(u\cdot v)=vdu+udv$；

$d\left(\dfrac{u}{v}\right)=\dfrac{vdu-udv}{v^2}$.

2. 微分公式表

$d(C)=0$， $d(x^\mu)=\mu x^{\mu-1}dx$，

$d(\sin x)=\cos x dx$， $d(\cos x)=-\sin x dx$，

$d(\tan x)=\sec^2 x dx$， $d(\cot x)=-\csc^2 x dx$，

$d(\sec x)=\sec x\tan x dx$， $d(\csc x)=-\csc x\cot x dx$，

$d(a^x)=a^x\ln a dx$， $d(e^x)=e^x dx$，

$d(\log_a x)=\dfrac{1}{x\ln a}dx$， $d(\ln x)=\dfrac{1}{x}dx$，

$d(\arcsin x)=\dfrac{1}{\sqrt{1-x^2}}dx$， $d(\arccos x)=-\dfrac{1}{\sqrt{1-x^2}}dx$，

$d(\arctan x)=\dfrac{1}{1+x^2}dx$， $d(\text{arccot}\, x)=-\dfrac{1}{1+x^2}dx$.

注：上述公式必须记牢，对以后学习积分学很有好处.

3. 复合函数微分法则

与复合函数的求导法则相应的复合函数的微分法则如下：

设 $y=f(u)$ 及 $u=\varphi(x)$ 都可导，则复合函数 $y=f[\varphi(x)]$ 的微分为：

$$dy=y'_x dx=f'(u)\varphi'(x)dx.$$

由于 $\varphi'(x)\mathrm{d}x=\mathrm{d}u$,所以,复合函数 $y=f[\varphi(x)]$的微分公式也可以写成:

$$\mathrm{d}y=f'(u)\mathrm{d}u \text{ 或 } \mathrm{d}y=y'_u\mathrm{d}u.$$

由此可见,无论 u 是自变量还是另一个变量的可微函数,微分形式 $\mathrm{d}y=f'(u)\mathrm{d}u$ 保持不变. 这一性质称为微分形式不变性. 此性质表示,当变换自变量时(即设 u 为另一变量的任一可微函数时),微分形式 $\mathrm{d}y=f'(u)\mathrm{d}u$ 并不改变.

4. 微分的计算及其在近似计算中的应用

【例 6-19】 求 $y=x^2$ 在 $x=2$、$\Delta x=0.1$ 处的改变量及微分.

解 $\Delta y=(x+\Delta x)^2-x^2=2.1^2-2^2=0.41.$

在点 $x=2$ 处,$\mathrm{d}y|_{x=2}=(x^2)'_{x=2}\Delta x=2\cdot x|_{x=2}\cdot\Delta x=4\Delta x.$

所以,当 $\Delta x=0.1$,$\mathrm{d}y=0.4.$

【例 6-20】 求下列函数的微分.

(1) $y=\sin(3x+1)$; (2) $y=\ln(1+\mathrm{e}^{x^2})$.

解 (1) 解法一:用公式 $\mathrm{d}y=f'(x)\mathrm{d}x$,得:

$$\mathrm{d}y=[\sin(3x+1)]'\mathrm{d}x=3\cos(3x+1)\mathrm{d}x.$$

解法二:用一阶微分形式的不变性,得:

$$\begin{aligned}\mathrm{d}y&=\mathrm{d}\sin(3x+1)=\cos(3x+1)\mathrm{d}(3x+1)\\&=3\cos(3x+1)\mathrm{d}x\end{aligned}$$

(2) 这个题目同样有上面两种方法,现用一阶微分形式的不变性求解:

$$\begin{aligned}\mathrm{d}y&=\mathrm{d}\ln(1+\mathrm{e}^{x^2})=\frac{1}{1+\mathrm{e}^{x^2}}\mathrm{d}(1+\mathrm{e}^{x^2})=\frac{1}{1+\mathrm{e}^{x^2}}\cdot\mathrm{e}^{x^2}\mathrm{d}(x^2)\\&=\frac{1}{1+\mathrm{e}^{x^2}}\cdot\mathrm{e}^{x^2}\cdot2x\mathrm{d}x=\frac{2x\mathrm{e}^{x^2}}{1+\mathrm{e}^{x^2}}\mathrm{d}x.\end{aligned}$$

经常利用微分进行近似计算. 有两个公式在前面已经讲过:

$$\Delta y\approx\mathrm{d}y=f'(x_0)\Delta x$$

和

$$f(x_0+\Delta x)\approx f(x_0)+f'(x_0)\Delta x;$$

若在上式中令 $x_0+\Delta x=x$,则:

$$f(x)\approx f(x_0)+f'(x_0)(x-x_0).$$

由近似计算公式:$f(x)\approx f(x_0)+f'(x_0)(x-x_0)$,当 $x_0=0$ 时,上式变为:

$$f(x)\approx f(0)+f'(0)x.$$

这是一个很常用的公式,下面看一下应用.

【例 6-21】 证明如下一次近似式:(1) $\mathrm{e}^x\approx1+x$;(2) $\ln(1+x)\approx x$.

证 (1) 令 $f(x)=\mathrm{e}^x$,$f'(x)=\mathrm{e}^x$,

当 $x=0$ 时,

$$f(0)=1, f'(0)=1,$$

由 $f(x)\approx f(0)+f'(0)x$，得：

$$f(x)\approx 1+x,$$

即：

$$e^x\approx 1+x.$$

(2) 令 $f(x)=\ln(1+x), f'(x)=\frac{1}{1+x}$，

当 $x=0$ 时，

$$f(0)=0, f'(0)=1,$$

由 $f(x)\approx f(0)+f'(0)x$，得：

$$f(x)\approx x,$$

即

$$\ln(1+x)\approx x.$$

【例 6-22】 求 $\sin 29°$ 的近似值.

解 $\sin 29°=\sin\left(\frac{\pi}{6}-\frac{\pi}{180}\right)\approx\sin\frac{\pi}{6}+\cos\frac{\pi}{6}\left(-\frac{\pi}{180}\right)\approx 0.485.$

$\sin 29°$ 精确到万分之一等于 0.485，误差不超过 $\frac{2}{10000}$.

练习 6-3

1. 可导与可微有什么关系？有什么区别？
2. 填空题.

(1) d(　　) $=x\mathrm{d}x$；　　(2) d(　　) $=\frac{\mathrm{d}x}{2\sqrt{x}}$；

(3) d(　　) $=-\frac{\mathrm{d}x}{x^2}$；　　(4) d(　　) $=\cos\omega t\mathrm{d}t(\omega\neq 0)$.

3. $y=\ln(1+e^x)$，求 $\mathrm{d}y$.
4. $y=\ln(\sqrt{x^2+a^2}+x)$，求 $\mathrm{d}y|_{x=0}$.
5. 证明下面几个式子成立.

(1) $\sqrt[n]{1+x}\approx 1+\frac{1}{n}x$；　　(2) $\sin x\approx x$（x 用弧度作单位来表达）.

6. 有一半径为 R 的铁球，镀上 0.01 cm 厚的银，问大约用多少体积的银？

6.4　导数的应用

函数是描述客观世界变化规律的重要数学模型，研究函数时，了解函数的增与减、增减的快与慢以及函数的最大值与最小值等性质是非常重要的. 这一节，我们将介绍导数在这几个方面的应用，从中你可以体会导数在研究函数中的作用.

6.4.1　函数的单调性

我们知道，如果函数 $y=f(x)$在$[a,b]$上单调增加，其图象是一条随 x 的增大而逐渐上升的曲线. 曲线上任一点的切线与 x 轴的夹角为锐角，

则：

$$f'(x)>0$$

即：$f(x)$单调增加→曲线上升→切线与 x 轴夹角 α 为锐角→$f'(x)>0$.

简记为：$f(x)$单调增加→ α 为锐角→$f'(x)>0$.

同理：$f(x)$单调减少→ α 为钝角→$f'(x)<0$.

反之成不成立呢？答案是肯定的，我们有如下定理：

定理 5　设函数 $f(x)$在(a,b)内可导，

(1) 若$\forall x\in(a,b)$有 $f'(x)>0$，则 $f(x)$在(a,b)内单调增加；

(2) 若$\forall x\in(a,b)$有 $f'(x)<0$，则 $f(x)$在(a,b)内单调减少.

注：若在(a,b)上存在某些孤立点使 $f'(x)=0$（我们称这样的点为驻点），而其余点恒有 $f'(x)>0$（$f'(x)<0$），则 $f(x)$在(a,b)上仍然是单调增加（单调减少）.

如：$y=x^3$，故此定理并非充要条件.

【例 6-23】　讨论函数 $y=e^x-x-1$ 的单调性.

解　函数 $y=e^x-x-1$ 的定义域为$(-\infty,+\infty)$，

由于 $y'=e^x-1$，令 $y'=0$，得 $x=0$，

因为在$(-\infty,0)$内 $y'<0$，所以函数 $y=e^x-x-1$ 在$(-\infty,0]$上单调减少；

又因为在$(0,+\infty)$内 $y'>0$，所以函数 $y=e^x-x-1$ 在$[0,+\infty)$上单调增加.

【例 6-24】　确定函数 $f(x)=2x^3-9x^2+12x-3$ 的单调区间.

解　该函数的定义域为$(-\infty,+\infty)$.

而 $f'(x)=6x^2-18x+12=6(x-1)(x-2)$，

令 $f'(x)=0$，得 $x_1=1,x_2=2$.

列表：

表 6-1

x	$(-\infty,1]$	$(1,2)$	$[2,+\infty)$
$f'(x)$	+	−	+
$f(x)$	↗	↘	↗

函数 $f(x)$ 在区间 $(-\infty,1]$ 和 $[2,+\infty)$ 内单调增加，在区间 $(1,2)$ 上单调减少.

通过求解上面的例题，我们得出讨论函数单调性的方法步骤：

(1) 先确定 $y=f(x)$ 的定义域；

(2) 求导数 y'；

(3) 求使方程 $y'=0$ 的点及使 y' 不存在的点；

(4) 以方程 $y'=0$ 的根及 y' 不存在的点为分点，分割定义域；

(5) 讨论 y' 在各区间上的符号并确定 $y=f(x)$ 的单调性.

6.4.2　函数的极值

1. 极值的定义

设函数 $f(x)$ 在点 x_0 的某邻域内有定义，如果对于该邻域内任一点 $x(x\neq x_0)$，都有 $f(x)<f(x_0)$，则称 $f(x_0)$ 是函数 $f(x)$ 的极大值；如果对于该邻域内任一点 $x(x\neq x_0)$，都有 $f(x)>f(x_0)$，则称 $f(x_0)$ 是函数 $f(x)$ 的极小值.

函数的极大值与极小值统称为函数的极值，使函数取得极值的点 x_0 称为函数 $f(x)$ 的极值点.

注：(1) 极值仅是函数的局部概念，而非整体概念. 函数的极大值未必比极小值大.

(2) 由定义不难看出，函数的极值只能在定义区间的内部取得，不能在区间端点取得. 而函数的最大值、最小值可能出现在区间内部，也可能在区间的端点处取得.

(3) 从上图 6-5 可看到，在函数取得极值点处，曲线上的切线是水平的，即 $f'(x)=0$；反之，曲线上有水平切线的地方函数不一定取得极值.

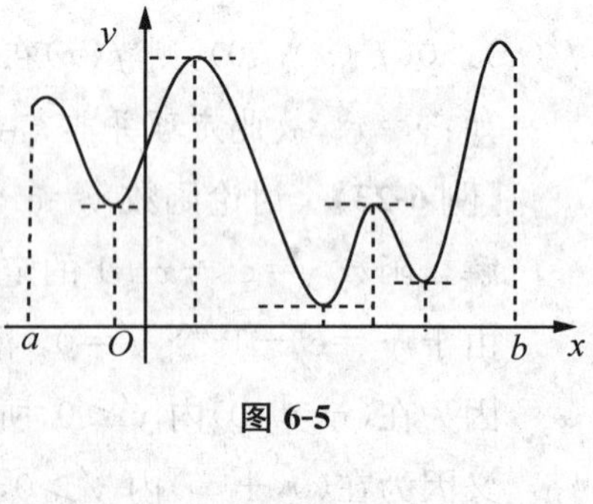

图 6-5

于是有下面的定理.

2. 函数的极值的判定

定理 6　(极值的必要条件) 设函数 $f(x)$ 在 x_0 处可导，且在点 x_0 处取得极值，那么 $f'(x_0)=0$.

从上一节的学习，我们知道使 $f'(x)=0$ 的点 x 称为函数 $f(x)$ 的驻点. 对可导函数而言，极值点必是驻点，那反过来成立吗？答案是否定的. 驻点不一定是极值点. 如函数 $y=x^3$，$x=0$ 为其驻点，但不是极值点.

函数 $f(x)$ 的极值点，还可能是使 $f'(x_0)$ 不存在的点，这种点称为尖点. 例如：$y=|x|$，虽然在 $x=0$ 点导数不存在，但是这一点为它的极小值点.

由上面的分析，函数 $f(x)$ 的极值点，只可能为尖点或者驻点，为了更好地判断可能极值点是否为极值点，我们有如下定理.

定理 7　（极值第一充分条件）设函数 $f(x)$ 在点 x_0 处连续，在点 x_0 的某一去心邻域内的任一点 x 处可导，当 x 在该邻域内由小增大经过 x_0 时，如果：

(1) $f'(x)$ 由正变负，那么 x_0 是 $f(x)$ 的极大值点，$f(x_0)$ 是 $f(x)$ 的极大值；

(2) $f'(x)$ 由负变正，那么 x_0 是 $f(x)$ 的极小值点，$f(x_0)$ 是 $f(x)$ 的极小值；

(3) $f'(x)$ 不改变符号，那么 x_0 不是 $f(x)$ 的极值点.

这个证明由单调性即可得出，在此从略.

定理 8　（极值的第二充分条件）设函数 $f(x)$ 在点 x_0 处有二阶导数，且 $f'(x_0)=0$，$f''(x_0)\neq 0$，则 x_0 是函数 $f(x)$ 的极值点，$f(x_0)$ 为函数 $f(x)$ 的极值，且有：

(1) 如果 $f''(x_0)<0$，则 $f(x)$ 在点 x_0 处取得极大值；

(2) 如果 $f''(x_0)>0$，则 $f(x)$ 在点 x_0 处取得极小值.

下面看一下这两个定理的应用.

【例 6-25】　求函数 $f(x)=1-(x-2)^{\frac{2}{3}}$ 的极值.

解　函数 $f(x)=1-(x-2)^{\frac{2}{3}}$ 的定义域为 **R**，因为：

$$f'(x)=-\frac{2}{3}(x-2)^{-\frac{1}{3}}\ (x\neq 2).$$

所以当 $x=2$ 时函数 $f(x)$ 的导数 $f'(x)$ 不存在.

但当 $x<2$ 时，$f'(x)>0$；当 $x>2$ 时，$f'(x)<0$.

所以 $f(2)=1$ 为 $f(x)$ 的极大值.

【例 6-26】　求函数 $f(x)=(x^2-1)^3+1$ 的极值.

解法一　所给函数的定义域为 $(-\infty,+\infty)$，且 $y'=6x(x^2-1)^2$.

令 $y'=0$，求得驻点 $x_1=-1$，$x_2=0$，$x_3=1$.

列表：

表 6-2

x	$(-\infty,-1)$	-1	$(-1,0)$	0	$(0,1)$	1	$(1,+\infty)$
y'	$-$	0	$-$	0	$+$	0	$+$
y		不是极值点	↘	极小值点	↗	不是极值点	↗

由以上讨论可知，当 $x=0$ 时，$f(x)$ 取得极小值 $f(0)=0$.

解法二 $f'(x)=6x(x^2-1)^2$，令 $f'(x)=0$，求得驻点 $x_1=-1, x_2=0, x_3=1$.

又 $f''(x)=6(x^2-1)(5x^2-1)$，所以 $f''(0)=6>0$ 因此 $f(x)$ 在 $x=0$ 处取得极小值，极小值为 $f(0)=0$.

因为 $f''(-1)=f''(1)=0$，所以用定理 3 无法判别.而 $f(x)$ 在 $x=-1$ 处的左右邻域内 $f'(x)<0$，所以 $f(x)$ 在 $x=-1$ 处没有极值；同理，$f(x)$ 在 $x=1$ 处也没有极值.

【例 6-27】 求函数 $y=\frac{x^4}{4}-x^3$ 的单调性与极值.

解 函数的定义域为 $(-\infty,+\infty)$.

$y'=x^3-3x^2=x^2(x-3)$，

令 $y'=0$ 求得驻点 $x_1=0, x_2=3$

列表：

表 6-3

x	$(-\infty,0)$	0	$(0,3)$	3	$(3,+\infty)$
y'	$-$	0	$-$	0	$+$
y	↘	不是极值点	↘	极小值点	↗

由上表知，单调减区间为 $(-\infty,3)$，单调增区间为 $(3,+\infty)$，极小值 $y(3)=-\frac{27}{4}$

求函数的极值也可以用二阶导数来判别，此例中：

$y''=3x^2-6x$，$y''\big|_{x=0}=0$，不能确定 $x=0$ 处是否取极值；

$y''\big|_{x=3}=9>0$，得 $y(3)=-\frac{27}{4}$ 是极小值.

【例 6-28】 试问 a 为何值时，函数 $f(x)=a\sin x+\frac{1}{3}\sin 3x$ 在 $x=\frac{\pi}{3}$ 处取得极值，它是极大值还是极小值，并求此值.

解 $f'(x)=a\cos x+\cos 3x$，

取 $x=\frac{\pi}{3}$，令 $f'(x)=0$，得：$a=2$，

$$f''(x)=-2\sin x-3\sin 3x, f''\left(\frac{\pi}{3}\right)=-\sqrt{3}<0,$$

故当 $a=2$ 时，函数在 $x=\frac{\pi}{3}$ 处取得极大值，极大值为 $f\left(\frac{\pi}{3}\right)=\sqrt{3}$.

小结：我们来总结一下求函数极值的一般步骤：

(1) 确定函数的定义区间；

(2) 求出 $f(x)$ 的一阶导数 $f'(x)$；

(3) 求出 $f(x)$ 的全部驻点及尖点，并以这些点为分界点，划分定义区间为若干个小区间；

(4) 列表确定 $f'(x)$ 在各个区间的符号，根据定理 7 确定极值点，求出极值. 若函数 $f(x)$ 在驻点有不为零的二阶导数，则可用定理 8 来确定对应的函数值是极大值还是极小值.

同时应注意：用二阶导数讨论函数在某点的极值不需列表也很方便，但它的使用范围有限，对 $f''(x)=0$、$f'(x)$ 及 $f''(x)$ 同时不存在的点不能使用.

6.4.3　函数的最值

在生产实践及科学实验中，常遇到“最好”、“最省”、“最低”、“最大”和“最小”等问题. 例如质量最好、用料最省、效益最高、成本最低、利润最大、投入最小等等，这类问题在数学上常常归结为求函数的最大值或最小值问题.

1. 闭区间 $[a,b]$ 上的最大值和最小值

如果函数 $f(x)$ 在闭区间 $[a,b]$ 上连续，则 $f(x)$ 在 $[a,b]$ 上必有最大值和最小值. 连续函数在闭区间 $[a,b]$ 上的最大值和最小值仅可能在区间内的极值点和区间的端点处取得. 因此，为了求出函数 $f(x)$ 在闭区间 $[a,b]$ 上的最大值与最小值，可先求出函数在 $[a,b]$ 内的一切可能的极值点（所有驻点和尖点）处的函数值和区间端点处的函数值 $f(a)$，$f(b)$，比较这些函数值的大小，其中最大的就是最大值，最小的就是最小值.

由此，我们也得到了求函数最大值和最小值的步骤：

(1) 求驻点和尖点；

(2) 求区间端点及驻点和尖点的函数值，比较大小，其中最大的就是最大值，最小的就是最小值；

(3) 区间内只有一个极值，这个极值就是最值（最大值或最小值）；

(4) 若函数 $f(x)$ 在 $[a,b]$ 上单调增加（或减少），则 $f(x)$ 必在区间 $[a,b]$ 的两端点上达到最大值和最小值.

【例 6-29】　求函数 $y=2x^3+3x^2-12x+14$ 在 $[-3,4]$ 上的最大值和最小值.

解
$$f'(x)=6x^2+6x-12$$

解方程 $f'(x)=0$，得 $x_1=-2$，$x_2=1$.

由于 $f(-3)=23$；$f(-2)=34$；$f(1)=7$；$f(4)=142$；

因此函数 $y=2x^3+3x^2-12x+14$ 在$[-3,4]$上的最大值为 $f(4)=142$,最小值为 $f(1)=7$.

2. 函数最值在实际问题中的应用

在实际问题中,往往根据问题的性质就可以断定函数确有最大值或最小值,而且一定在定义区间内部取得. 这时则在该点必然取得最值,可不加讨论.

【例 6-30】 工厂铁路线上 AB 段的距离为 100 km .工厂 C 距 A 处为 20 km ,AC 垂直于 AB .为了运输需要,要在 AB 线上选定一点 D 向工厂修筑一条公路.已知铁路每公里货运的运费与公路上每公里货运的运费之比 3∶5 .为了使货物从供应站 B 运到工厂 C 的运费最省,问 D 点应选在何处?

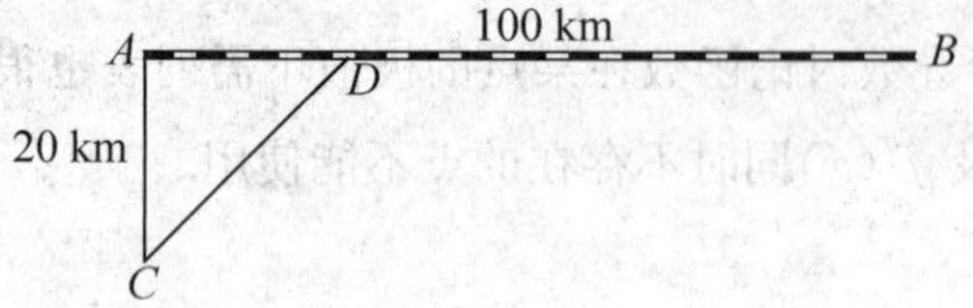

图 6-6

解 设 $AD=x(\text{km})$,

则$DB=(100-x)(\text{km})$,

$CD=\sqrt{20^2+x^2}=\sqrt{400+x^2}(\text{km})$.

再设从 B 点到 C 点需要的总运费为 y ,那么 $y=5k\cdot CD+3k\cdot DB$(k 是某个正数).即

$$y=5k\sqrt{400+x^2}+3k(100-x)(0\leqslant x\leqslant 100).$$

于是问题归结为:x 在$[0,100]$内取何值时目标函数 y 的值最小.

先求 y 对 x 的导数:

$$y'=k\left(\frac{5x}{\sqrt{400+x^2}}-3\right).$$

解方程 $y'=0$ 得 $x=15(\text{km})$.

由于 $y\Big|_{x=0}=400k$,$y\Big|_{x=15}=380k$,$y|_{x=100}=500k\sqrt{1+\frac{1}{5^2}}$,

其中 $y\Big|_{x=15}=380k$ 最小,因此当 $AD=x=15(\text{km})$时总运费最省.

【例 6-31】 某房地产公司有 50 套公寓要出租,当租金定为每月 180 元时,公寓会全部租出去. 当租金每月增加 10 元时,就有一套公寓租不出去,而租出去的房子每月需花费 20 元的整修维护费. 试问房租定为多少可获得最大收入?

解 设房租为每月 x 元,租出去的房子有$\left(50-\frac{x-180}{10}\right)$套

每月总收入为:

$$R(x)=(x-20)\left(50-\frac{x-180}{10}\right)$$

$$=(x-20)\left(68-\frac{x}{10}\right),$$

$$R'(x)=\left(68-\frac{x}{10}\right)+(x-20)\left(-\frac{1}{10}\right)=70-\frac{x}{5};$$

由 $R'(x)=0\Rightarrow x=350$（唯一驻点）

故每月每套租金为 350 元时收入最高. 最大收入为：

$$R(x)=(350-20)\left(68-\frac{350}{10}\right)=10890(\text{元}).$$

【例 6-32】 一条边长为 a 的正方形薄片，从四角各截去一个小方块，然后折成一个无盖的方盒子，问截取的小方块的边长等于多少时，方盒子的容量最大？

解 设截取的小方块的边长为 $x\left(0<x<\frac{a}{2}\right)$，则方盒子的容积为：

$v(x)=x(a-2x)^2=a^2x-4ax^2+4x^3$；

$v'(x)=a^2-8ax+12x^2$.

令 $v'(x)=0$，得驻点：$x_1=\frac{a}{6}$，$x_2=\frac{a}{2}$（不合题意，舍去）.

由于在 $\left(0,\frac{a}{2}\right)$ 内只有一个驻点，由实际意义可知，无盖方盒子的容积一定有最大值.

因此，当 $x=\frac{a}{6}$ 时 $v(x)$ 取得最大值.

故当正方形薄片四角各截去一个边长是 $\frac{a}{6}$ 的小方块后，折成一个无盖方盒子的容积最大.

练习 6-4

1. 极大值一定大于极小值吗？极值与最值有什么不同？
2. 极大值一定是最大值吗？极小值一定是最小值吗？
3. 能否证明极值的必要条件、第一充分条件、第二充分条件？
4. 求函数 $y=x^{\frac{2}{3}}-(x^2-1)^{\frac{1}{3}}$，$x\in[-2,2]$ 的极值.
5. 求函数 $y=(2x-5)x^{\frac{2}{3}}$ 在区间 $[-1,2]$ 上的最大值与最小值.
6. 要做一个容积为 V 的有盖的圆柱体容器，应怎样设计尺寸，才能使所用材料最省？

本章小结

一、主要内容

本章主要讲述了导数与微分的定义、运算法则及其应用.

1. 导数与微分的定义

(1) 设函数 $y=f(x)$在 x_0 的某邻域内有定义,若极限:

$$\lim_{x\to x_0}\frac{f(x)-f(x_0)}{x-x_0}$$

存在,则称函数 f 在点 x_0 处可导,并称该极限为 f 在点 x_0 处的导数,记作 $f'(x_0)$.

导数的几何意义:函数 $f(x)$在点 x_0 的导数 $f'(x_0)$是曲线 $y=f(x)$在点(x_0,y_0)处的切线斜率.

(2) 设函数 $y=f(x)$在某区间内有定义,$x_0+\Delta x$ 及 x_0 在这区间内,如果函数的增量:

$$\Delta y=f(x_0+\Delta x)-f(x_0)$$

可表示为:

$$\Delta y=A\Delta x+o(\Delta x),$$

其中 A 是不依赖于 Δx 的常数,而 $o(\Delta x)$是比 Δx 高阶的无穷小,那么称函数 $y=f(x)$在点 x_0 是可微的,而 $A\Delta x$ 叫做函数 $y=f(x)$在点 x_0 相应于自变量增量 Δx 的微分,记作 $\mathrm{d}y$,且 $\mathrm{d}y=A\mathrm{d}x$.

注意:微分的几何意义表示函数的变化量的主要部分,并且函数可导与可微是等价的.

2. 求导方法

(1) 利用定义求解;

(2) 利用求导法则;

(3) 复合函数求导的方法;

(4) 反函数求导方法;

(5) 其他.

二、应注意的问题

1. 在对复合函数求导时,一定要注意层层分解,不能遗漏.

2. 在求解导数时,一定选择最简单的方法,方法不一定唯一.

3. 注意导数和微分的区别和联系.

要从定义、方法等各个方面了解两者的异同,并相互应用.

4. 对求导和求微分的方法一定要灵活掌握,融会贯通.

5. 在解决生活中的应用问题时,要注意其中的存在性和唯一性,可以简化解题步骤.

复习题 6

1. 判断题.

(1) 函数 $y=f(x)$ 在 x_0 可导,则:

$$\lim_{x\to x_0}\frac{f(x)-f(x_0)}{x-x_0}=f'(x_0).\qquad(\quad)$$

(2) 函数 $y=f(x)$ 在 x_0 可导,则:

$$\lim_{h\to 0}\frac{f(x_0)-f(x_0-h)}{h}\neq f'(x_0).\qquad(\quad)$$

(3) 函数 $y=f(x)$ 在 x_0 可导,则曲线在 x_0 处的切线存在.　(　　)

(4) 函数 $y=f(x)$ 在 x_0 不可导,则函数在 x_0 处不连续.　(　　)

(5) 函数 $y=f(x)$ 在点 x_0 不连续,则函数在 x_0 处不可导.　(　　)

2. 填空题.

(1) $\lim\limits_{h\to 0}\frac{f(x_0+h)-f(x_0)}{h}=$________;

(2) $\lim\limits_{\Delta x\to 0}\frac{f(x_0-\Delta x)-f(x_0)}{\Delta x}=$________;

(3) 设 $f(0)=0$ 且 $f'(0)$ 存在,则 $\lim\limits_{x\to 0}\frac{f(x)}{x}=$________.

3. 求下列函数的导数

(1) $y=2x^2+3x-1$;

(2) $y=x^2+\frac{1}{x}+\ln x$;

(3) $y=x\ln x$;

(4) $y=\frac{x-2}{x+2}$.

4. 求函数 $y=x^3\ln x$ 在 $x=1$ 处的导数值.

5. 求下列函数的微分.

(1) $y=x\sin 2x$；　(2) $y=\dfrac{x}{\sqrt{x^2+1}}$；

(3) $y=\tan^2(1+2x^2)$；　(4) $y=e^{\sin 3x}$；

(5) $y=\ln\sqrt{1-x^2}$；　(6) $y=\arcsin\sqrt{1-x^2}$；

(7) $y=\arctan\sqrt{1-\ln x}$；　(8) $y=x^3\ln 2x$.

6. 试求函数 $y=x^2-x$ 当 $x=10$，$\Delta x=0.1$ 时的增量及微分.

7. 求曲线 $y=\dfrac{x^2-3x+6}{x^2}$ 在点 $\left(3,\dfrac{2}{3}\right)$ 处的切线方程和法线方程.

8. 已知曲线 $y=x\ln\sqrt{x}$ 的切线与直线 $2x-2y+3=0$ 垂直，求此切线方程.

9. 利用微分求近似值.

(1) $\tan 29°$；　(2) $\ln 1.01$.

趣味阅读

阿基米德的故事

阿基米德(Archimedes,公元前 287 年—公元前 212 年)出生在叙拉古斯米德.从小热爱学习,善于思考,喜欢辩论.长大后漂洋过海到埃及的山历山大里亚求学.他向当时著名的科学家欧几里德的学生柯农学习哲学、数学、天文学、物理学等知识,最后博古通今,领悟了丰富的希腊文化遗产.回到叙拉古后,他坚持和亚历山大里亚的学者们保持联系,交流科学研究成果.他继承了欧几里德证明定理时的严谨性,但他的才智和成就却远远高于欧几里德.他把数学研究和力学、机械学紧紧地联系在一起,用数学研究力学和其他实际问题.保护叙拉古战役的机械巨手和投石机等就是最生动的一个例子,有力地证明了"知识就是力量"的真理.在亚历山大里亚求学期间,他经常到尼罗河畔散步,在久旱不雨的季节,他看到农人吃力地一桶一桶地提水浇地相当费力,经过思考后他发明了一种工具,通过螺杆的旋转把水从河里取上来,省了农人很大力气.它不仅沿用到今天,而且也是当代用于水中和空气中的一切螺旋推进器的原始雏形.阿基米德在他的著作《论杠杆》(可惜已失传)中详细地论述了杠杆的原理.有一次叙拉古国王对杠杆的威力表示怀疑,他要求阿基米德移动载满生物和乘客的一艘新三桅船.阿基米德叫工匠在船的前后左右安装了一套设计精巧的滑车到海中.群众欢呼雀跃,国王也高兴异常,当众宣布:"从现在起,我要求大家,无论阿基米德说什么,都要相信他!"

阿基米德曾说过:给我一小块放械杆的支点,我就能将地球挪动.假如阿基米德有个站脚的地方,他真能挪动地球吗?也许能.不过,根据科学家计算,如果真有相应的条件,阿基米德使用的械杆必须要有 88×10^{21} 英里长才行!当然这在目前是做不到的.

最引人入胜,也使阿基米德最为人称道的是阿基米德从智破金冠案中发现了一个科学基本原理.国王让金匠做了一顶新的纯金王冠.但他怀疑金匠在金冠中掺假了.可是,做好的王冠无论从重量、外形上都看不出问题.国王把这个难题交给了阿基米德.

阿基米德日思夜想.一天,他去澡堂洗澡,当他慢慢坐进澡堂时,水从盆边溢了出来,他望着溢出来的水,突然大叫一声:"我知道了!"竟然一丝不挂地跑回家中.原来他想出办法了.阿基米德把金王冠放进一个装满水的缸中,一些水溢出来了.他取了王冠,把水装满,再将一块同王冠一样重的金子放进水里,又有一些水溢出来.他把两次的水加以比较,发现第一次溢出来的水多于第二次.于是了断定金冠中掺了银子.经过一翻试验,他算出银子的重量.当他宣布他的发现时,金匠目瞪口呆.

这次试验的意义远远大过查出金匠欺骗国王.阿基米德从中发现了一条原理:即物体在液体中减轻的重量,等于他所排出液体的重量.这条原理后人以阿基米德的名字命名.一直到现代,人们还在利用这个原理测定船舶载重量等.

公元前 215 年,罗马将领马塞拉斯率领大军,乘坐战舰来到了历史名城叙拉古城下,马塞拉斯以为小小的叙拉古城会不攻自破，听到罗马大军的显赫名声，城里的人还不开城投降？然而，回答罗马军队的是一阵阵密集可怕的镖箭和石头.罗马人的小盾牌抵挡不住数不清的大大小小的石头，他们被打得丧魂落魄，争相逃命.突然，从城墙上伸出了无数巨大的起重机式的机械巨手，它们分别抓住罗马人的战船，把船吊在半空中摇不晃去，最后甩在海边的岩石上，或是把船重重地摔在海里，船毁人亡.马塞拉斯侥幸没有受伤，但惊恐万分，完全失去了刚来时的骄傲和狂妄，变得不知所措.最后只好下令撤退，把船开到安全地带.罗马军队死伤无数，被叙拉古人打得晕头转向.可是，敌人在哪里呢？他们连影子也找不到.马塞拉斯最后感慨万千地对身边的士兵说："怎么样？在这位几何学'百手巨人'面前，我们只得放弃作战.他拿我们的战船当游戏扔着玩.在一刹那间，他向我们投射了这么多镖、箭和石块，他难道不比神话里的百手巨人还厉害吗？"

年过古稀的阿基米德是一位闻名于世的大科学家.在保卫叙拉古城时，他动用了械杆、滑轮、曲柄、螺杆和齿轮.他不仅用人力开动那些投射镖箭和石弹的机器，而且还利用风力和水力，利用有关平衡和重心的知识、曲线的知识和远距离使用作用力的知识等.难怪马塞拉斯不费劲地就找到了自己惨败的原因.当天晚上，马塞拉斯连夜逼近城墙.他以为阿基米德的机器无法发挥作用了.不料，阿基米德早准备好了投石之类的短距离器械，再次逼上梁山退了罗马军队的进攻.罗马人被惊吓得谈虎色变，一看到城墙上出现木梁或绳子，就抱头鼠窜，惊叫着跑开："阿基米德来了."

传说，阿基米德还曾利用抛物镜面的聚光作用，把集中的阳光照射到入侵叙拉古的罗马船上，让它们自己燃烧起来.罗马的许多船只都被烧毁了，但罗马人却找不到失火的原因.900 多年后，有位科学家近史书介绍的阿基米德的方法制造了一面凹面镜，成功地点着了距离镜子 45 米远的木头，而且烧化了距离镜子 42 米远的铝.所以，许多科技史家通常都把阿基米德年看成是人类利用太阳能的始祖.

马塞拉斯进攻叙拉古时屡受袭击，在万般无奈下，他带着舰队，远远离开了叙拉古附近的海面.他们采取了围而不攻的办法，断绝城内和外界的联系.3 年以后，他们利用叙拉古城市居民的大意，终于在公元前 212 年占领了叙拉古城.马塞拉斯十分敬佩阿基米德的聪明智慧，下令不许伤害他，还派一名士兵去请他.此时阿基米德不知城门已破，还在凝视着木板上的几何图形沉思呢.当士兵的利剑指向他时，他却用身子护住木板，大叫："不要动我的图形！"他要求把原理证明完再走，但激怒了那个鲁莽无知的士兵，他竟用利剑刺死了 75 岁的老科学家.马塞拉斯勃然大怒，他处死了那个士兵，抚慰阿基米德的亲属，为他开了追悼会并建了陵墓.阿基米德被后世的数学家尊称为"数学之神"，在人类有史以来最重要的三位数学家中，阿基米德占首位，另两位是牛顿和高斯.

附录一

Mathematica 软件的应用

第一节　Mathematica 软件简介

Mathematica 是一个功能强大的常用数学软件，它是由美国物理学家 Stephen Wolfram 领导的 Wolfram Research 公司用 C 语言开发的数学系统软件. 不但可以解决数学中的数值计算问题，还可以解决符号演算问题，并且能够方便地绘出各种函数图形. 这里介绍的命令可以适用于 Windows 操作系统的 Mathematica2. 2 以上版本运行.

一、Mathematica 的进入/退出

如果你的计算机已经安装了 Mathematica 软件，系统会在 Windows【开始】菜单的【程序】子菜单中加入启动 Mathematica 命令的图标：

附图 1-1 即为 启动 Mathematica：

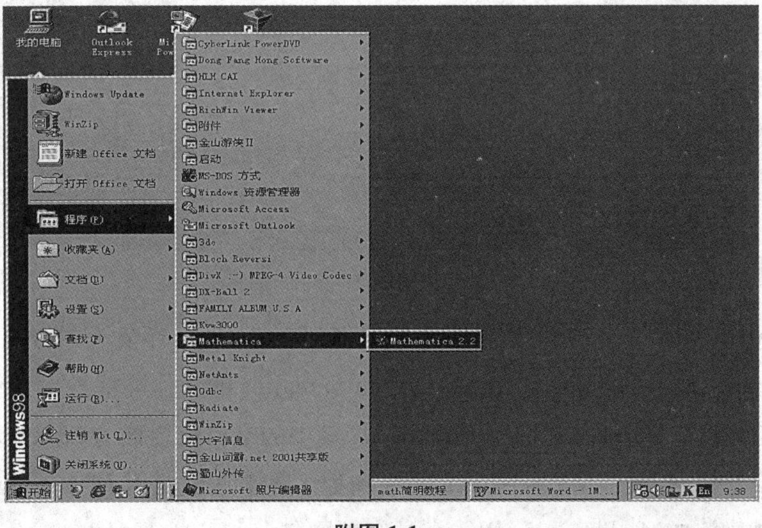

附图 1-1

用鼠标单击它就可以启动 Mathematica 系统进入 Mathematica 系统工作界面，如附图 1-2 所示：

附图 1-2

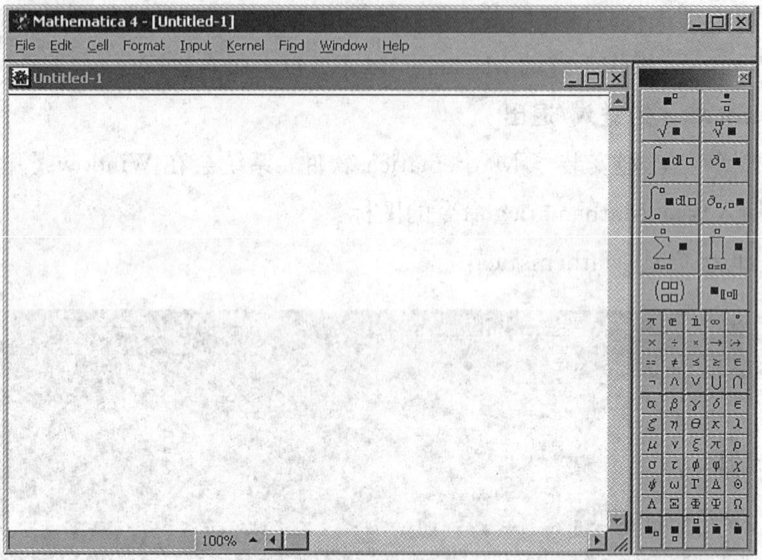

附图 1-3

Mathematica 系统工作界面(如附图 1-3)是基于 Windows 环境下的 Mathematica 函数或程序运行与结果显示的图形用户接口，是 Mathematica 的工作屏幕. 界面上方的主菜单和工具条的功能类似于 Windows 中的 Word 软件. 其中的空白位置称为 Notebook 用户区，在这里可以输入文本、实际的 Mathematica 命令和程序等来达到使用 Mathematica 的目的. 在用户区输入的内容被 Mathematica 用一个具有扩展名为“. ma”(Mathematica2. 2)或“. mb”(Mathematica4. 0)在的文件名来纪录，该文件名是退出 Mathematica 时保存在用户区输入内容的默认文件名，一般是文件名:“Newnb－1. ma” 或“Newnb－1. mb”.

退出 Mathematica 系统像关闭一个 Word 文件一样，只要用鼠标点击 Mathematica 系统集成界面右上角的关闭按钮即可. 关闭前，屏幕会出现一个对话框，询问是否保存用户区的内容，如果单击对话框的"否(N)"按钮，则关闭 Notebook 窗口，退出 Mathematica 系统；如果单击对话框的"是(Y)"按钮，则先提示你用一个具有扩展名为. ma 或. mb 的文件名来保存用户区内的内容，再退出 Mathematica 系统.

二、Mathematica 中的数与运算符、变量、函数

1. 数与运算符

Mathematica 有整数(写法同于常见方式. 但输入时，构成整数的各数字之间不能有空格、逗号和其他符号)、实数(带小数点的数和数学中的无理数)、复数(用含有字母 I 来表示虚数单位的数)和数学常数，常用的有：

数学符号	代表意义
Pi	表示圆周率 $\pi=3.14159\cdots$
E	表示自然数 $e=2.71828\cdots$
Degree	表示几何的角度 $1°$ 或 $\pi/180$
I	表示虚数单位 -1 开平方 I
Infinity	表示数学中的无穷大 ∞

● 算术运算符

+、-、*、/ 和 ^ 表示加、减、乘、除和乘方.

● 关系运算符

符号	含义	对应的数学符号	例子
= =	相等关系	=	如 $x+3=0$ 应该写为 $x+3= =0$
! =	不等关系	$\neq$	如 $x+3\neq0$ 应该写为 $x+3! =0$
>	大于关系	>	如 $x>4$ 应该写为 $x>4$
>=	大于等于关系	$\geqslant$	如 $x\geqslant4$ 应该写为 $x>=4$

● 逻辑运算符

符号	名称	含义
!	逻辑非	当关系表达式 A 为真时，! A 为假； 当关系表达式 A 为假时，! A 为真.
&&	逻辑与	当关系表达式 A 和 B 都为真时， A&&B 为真，否则为假.
||	逻辑或	当关系表达式 A 和 B 都为假时， A||B 为假，否则为真.

2. 变量

● 变量名的书写规则

以小写字母开头,可以包含任意多的字母数字,但不能包含空格或标点符号.

● 变量的赋值命令

(1) 变量 = 表达式

作用:把表达式的值赋给左边变量,

如　$s=x\^2-5x+6$, $t=x\^2+y\^2-2x*y$.

(2) 变量= Input[ ]

作用:通过键盘输入给左边的变量赋值,

例如: x =Input[ ].

● 清除变量

清除变量的含义是清除前面已经给变量所赋的值,命令形式为:

Clear[变量名 1,变量名 2,…],清除变量后,变量名就还原成一般的数学符号了.

3. 函数

Mathematica 有很丰富的内部函数,函数名一般使用数学中的英文单词,只要输入相应的函数名,就可以方便地使用这些函数. 内部函数既有数学中常用的函数,又有工程中用的特殊函数. 如果用户想自己定义一个函数,Mathematica 也提供了这种功能. Mathematica 中的函数自变量应该用方括号 [ ] 括起,不能用圆括 ( ) 号括起.

● Mathematica 中的内部函数

Mathematica 函数形式	数学含义
Abs[x]	表示 x 的绝对值 $\|x\|$
ArcSin[x],ArcCos[x]	表示反正弦函数 arcsin x, 反余弦函数 arccos x
ArcTan[x],ArcCot[x]	表示反正切函数 arctan x, 反余切函数 arccot x
Binomial[n, m]	表示二项式系数 C_n^m
Ceiling[x]	表示不小于 x 的最大整数
Exp[x]	表示以自然数为底的指数函数 e^x
Floor[x]	表示不大于 x 的最大整数
GCD[m_1,m_2,…,m_n]	表示取出整数 m_1,m_2,…. ,m_n的最大公约数
GCD[s]	表示取出表 s 中所有数的最大公约数
LCM[m_1,m_2,…,m_n]	表示取出整数 m_1,m_2,…. ,m_n的最小公倍数
LCM[s]	表示取出表 s 中所有数的最小公倍数
Log[x]	表示以自然数为底的对数函数 ln x

续表

Mathematica 函数形式	数学含义
Log[a,x]	表示以数 a 为底的对数函数 $\log_a x$
Max[x_1,x_2,…,x_n]	表示取出实数 x_1,x_2,…,x_n的最大值
Max[s]	表示取出表 s 中所有数的最大值
Min[x_1,x_2,…,x_n]	表示取出实数 x_1,x_2,…,x_n的最小值
Min[s]	表示取出表 s 中所有数的最小值
Mod[m,n]	表示整数 m 除以整数 n 的余数
n!	表示阶乘 $n(n-1)(n-2)\cdots 1$
n!!	表示双阶乘 $n(n-2)(n-4)\cdots$
Quotient[m,n]	表示整数 m 除以整数 n 的整数部分
Round[x]	表示最接近 x 的整数
Sign[x]	表示 x 的符号函数 $\mathrm{sgn}(x)$
Random[Complex]	表示正弦函数 $\sin x$，余弦函数 $\cos x$
Sqrt[x]	表示 x 的平方根函数
Tan[x],Cot[x]	表示正切函数 $\tan x$,余切函数 $\cot x$
Random[]	随机给出闭区间[0,1]内的一个实数
Random[Real, $x$max]	随机给出闭区间[0,$x$max]内的一个实数
Random[Real,{$x$min, $x$max}]	随机给出闭区间[$x$min,$x$max]内的一个实数
Random[Integer]	随机给出整数 0 或 1
Random[Integer, {$x$min, $x$max}]	随机给出 $x$min 到 $x$max 之间的一个整数
Sin[x],Cos[x]	随机给出单位正方形内的一个复数

● Mathematica 中的自定义函数

如果用户要多次处理的函数不是 Mathematica 内部函数，则可以利用 Mathematica 提供的自定义函数的功能在 Mathematica 中定义一个函数. 自定义一个函数后，该函数可以像 Mathematica 内部函数一样在 Mathematica 中使用.

(1) 定义一个一元函数

函数名[自变量名_]:= 表达式

例如想定义一个函数 $y=a\sin x+x^5$(a 是参数)只要键入：

y[x_]:= a * Sin[x]+x^5.

(2) 定义一个多元函数

函数名[自变量名 1_，自变量名 2_,…]:= 表达式

例如想定义一个二元函数 $z1=\tan(x/y) - ye^{5x}$ 只要键入：

z1[x_,y_]:=Tan[x/y]+y*Exp[5x].

注意：自定义的函数名与变量名的规定相同，方括号中的每个自变量名后都要有一个下划线“_”，中部的定义号“:=”的两个符号是一个整体，中间不能有空格.

键入自定义函数并按下 Shift+Enter 键后，Mathematica 不在计算机屏幕显示输出结果 Out[n]，只是记住该自定义函数的函数名和对应的表达式，以利于后面的函数求值和运算使用.

Mathematica 中的函数求值

表示函数在某一点的函数值有两种方式：一种是数学方式，即直接在函数中把自变量用一个值或式子代替，如 Sin[2.3]，Sqrt[a+1]，z1[3，5]等；另一种为变量替换的方式：

函数 /. 变量名 ->数值或表达式

或

函数 /. {变量名 1 ->数值 1 或表达式 1，变量名 2 ->数值 2 或表达式 2，…}

这里符号“/.”和“->”与变量取值中的变量替换方式意义相同. 函数变量替换的执行过程为计算机将函数中的变量 1，变量 2，…分别替换为对应的数值 1 或表达式 1，数值 2 或表达式 2，… 以得到函数在此点的函数值. 例如：

fn[x] /. x-> 8 可以得到函数值 fn(8)，

fn[x_,y_]:=x^3+y^2 /. {x-> a，y->b+2}可以得到函数值 fn(a,b+2)

4. Mathematica 中的复合表达式

在 Mathematica 中，一个用分号隔开的表达式序列称为一个复合表达式，它也称为一个过程. 运行 Mathematica 中的一个复合表达式就是依次执行过程中的每个表达式，且过程中最后一个表达式的值作为该复合表达式的值，例如：

In[1]:=t=1;u=t + 4;Sin[u]

Out[1]=Sin[5]　　　(*显示 Sin[u]的值*)

5. Mathematica 中的一些符号和语句

● 专用符号

符号	意义
%	倒数第一次输出的内容
%n	第 n 次输出内容，对应 Out[n]的输出式子
?	显示该命令的简单使用方法
??	显示该命令的详细使用方法
;	运算分号前面的表达式，但不显示计算结果

● 屏幕输出语句

在 Mathematica 中,只要将处理的表达式没有以分号结尾,就会自动显示表达式的结果,否则就不显示结果. 为了编写程序的方便,Mathematica 还提供了不受分号约束的表达式显示语句称为屏幕输出语句,它的命令形式为:

Print[表达式 1,表达式 2, . . . , 表达式 n]

其功能为: 在屏幕某一行上依次输出表达式 1,表达式 2,. . . 表达式 n 的值, 表达式之间没有空隙,输入完毕后换行.

例如: In[1]:= Print["2+3=",2+3]

Out[1]= 2+3=5

6. Mathematica 中四种括号的使用

Mathematica 中常用的括号有四种,分别为:( )、[ ] 、{ }、[[ ]],它们各有专门的用途,不能任意使用.

● 方括号 [ ]

Mathematica 中的内部函数以及用户自定义函数的自变量和参数,只能由方括号 [ ] 括起来.

● 花括号{ }

花括号表示一个表(lists), 它一般用作范围、界限、集合等之中. 花括号用来表示可以用来表达数学中的向量和矩阵. 如果把花括号作多层套用的话, 就可以表示出以表为元素的表, 事实上这就是矩阵.

● 双方括号 [[ ]]

双方括号只用于表示表 a 的元素.

● 圆括号 ( )

圆括号主要用于改变表达式的优先运算顺序. 用圆括号还可以把 n 个表达式定义为一个表达式,然后就可以对这 n 个表达式做批处理.

三、Mathematica 的表

表是 Mathematica 系统中一种重要的数据类型,在 Mathematica 中它可以表示数组和矩阵等. 表的构造方式极为简单,直接将一些表达式用一对大括号{ }括起来就可以了,表达式之间用逗号分隔开. 构成表的各个表达式称为表的元素. 没有任何元素的表称为空表. 表的元素可以是任意的表达式,也可以是表.

Mathematica 的数学函数可以直接作用在表上,这时系统将函数分别作用在表的每一个元素上,得到的结果再作成一个表. 与表有关的函数有

1. Table[通项公式 $f(i)$,{i ,$i$min,$i$max,h}]

产生一个表{ $f(i\text{min})$,$f(i\text{min}+h)$,$f(i\text{min}+2h)$,……,$f(i\text{min}+nh)$}

$i\max - h \leqslant i\min + nh \leqslant i\max$, $h > 0$

2. Table[通项公式 $f(i)$,{i ,$i$min,$i$max}]

产生一个表{ $f(i\min), f(i\min+1), f(i\min+2), \cdots\cdots, f(i\min+n)$}

$i\max - 1 \leqslant i\min + n \leqslant i\max$

3. Table[通项公式 f,{循环次数 n}], f 为常数

产生 n 个 f 的一个表{ $f, f, f, \cdots\cdots, f$ }

4. Table[通项公式 $f(i, j)$,{{i ,$i$min,$i$max},{j ,$j$min,$j$max}]

产生一个二维表

{ {$f(i\min, j\min), f(i\min, j\min+1), f(i\min, j\min+2), \cdots\cdots, f(i\min, j\min+m)$},

{$f(i\min+1, j\min), f(i\min+1, j\min+1), f(i\min+1, j\min+2), \cdots\cdots, f(i\min+1, j\min+m)$},

……

{$f(i\min+n, j\min), f(i\min+n, j\min+1), f(i\min+n, j\min+2), \cdots\cdots, f(i\min+n, j\min+m)$}}

$i\max - 1 \leqslant i\min + n \leqslant i\max$, $j\max - 1 \leqslant j\min + m \leqslant j\max$

5. 表[[序号 n]]　　　取出表中序号为 n 的元素

6. 表[[{序号 n_1, 序号 n_2, 序号 n_3,……,序号 n_m}]]

取出由表中序号分别为 $n_1, n_2, \cdots, n_m$ 的 m 个元素组成的一个表,其中 $n_1, n_2, \cdots, n_m$ 可以重复.

7. 表[[序号 n_1,序号 n_2]]

取出表中序号为 n_1 元素(该元素必须是一个表)的序号为 n_2 的元素.

8. Length[表]　　　求表的长度

9. Prepend[表,elem]　　　在表的第一个位置插入元素 elem

10. Append[表, elem]　　　在表的最后位置插入元素 elem

四、程序设计语句

1. If[条件, 语句 1]

功能:如果条件成立,则执行对应的语句 1,并将语句执行结果作为 If 语句的值,如果条件不成立,不执行语句 1.

2. If[条件, 语句 1, 语句 2]

功能:根据条件的成立与否确定执行哪一个语句,具体执行为:条件成立时,执行语句 1,否则,执行语句 2,并将语句执行结果作为 If 语句的值.

3. If [条件, 语句 1, 语句 2, 语句 3]

功能:根据条件的成立与否确定执行哪一个语句, 具体执行为:条件成立时,执行语句

1,条件不成立时,执行语句 2,否则,执行语句 3，并将语句执行结果作为 If 语句的值.

4. Which[条件 1,语句 1,条件 2,语句 2，. . . ,条件 n,语句 n]

功能:由条件 1 开始按顺序依次判断相应的条件是否成立,若第一个成立的条件为条件 k,则执行对应的语句 k.

5. Which[条件 1,语句 1,条件 2,语句 2，. . . ,条件 n,语句 n,True,"字符串"]

功能:由条件 1 开始按顺序依次判断相应的条件是否成立,若第一个成立的条件为条件 k,则执行对应的语句 k,若直到条件 n 都不成立时,则返回符号字符串.

6. Switch[表达式，模式 1,语句 1,模式 2,语句 2，. . . 模式 n,语句 n]

功能：先计算表达式,然后按模式 1,模式 2,…的顺序依次比较与表达式结果相同的模式,找到的第一个相同的模式,则将此模式对应的语句计算计算结果作为 Switch 语句的结果. Switch 语句是根据表达式的执行结果来选择对应的执行语句,它类似于一般计算机语言的 Case 语句.

7. Do[expr，{n}] 功能：

循环执行 n 次表达式 expr.

8. Do[expr，{i，$i$min，$i$max}]

功能:按循环变量 i 为 $i$min,$i$min+1,$i$min+2,…,$i$max 循环执行 $i$max−$i$min+1 次表达式 expr.

9. Do[expr，{i，$i$min，$i$max,d}]

功能:按循环变量 i 为 $i$min,$i$min+d,$i$min+2d,…,$i$min+nd,循环执行($i$max−$i$min)/d +1 次表达式 expr.

10. Do[expr，{i，$i$min，$i$max}，{j，$j$min，$j$max}]

功能:对循环变量 i 为 $i$min,$i$min+1,$i$min+2,…,$i$max 每个值，再按循环变量 j 的循环执行表达式 expr. 这是通常所说的二重循环命令,类似的,可以用在 Do 命令中再加循环范围的方法得到多重循环命令.

11. For[stat,test,incr,body]

功能:以 stat 为初值,重复计算 incr 和 body 直到 test 为 False 终止. 这里 start 为初始值,test 为条件,incr 为循环变量修正式,body 为循环体,通常由 incr 项控制 test 的变化.

12. While[test,body]

功能:当 test 为 True 时,计算 body,重复对 test 的判断和 body 的计算,直到 test 不为 True 时终止. 这里 test 为条件，body 为循环体,通常由 body 控制 test 值的变化. 如果 test 不为 True,则循环体不做任何工作

13. Return[expr]

功能:退出函数所有过程和循环,返回 expr 值.

14. Break[]

功能:结束本层循环.

15. Continue[ ]

功能:转向本层 For 语句或 While 语句的下一次循环.

此外,在 Mathematica 的循环结构中,使用如下表示式,可以达到简洁、快速的目的.

(1) ++ k 表示赋值关系 $k = k+1$.

如: k=1;Table[++k,{5}]获得表{2,3,4,5,6}

(2) k++表示先处理 k 的值,再做 k=k+1.

如: k=1;Table[k++,{5}]获得表{1,2,3,4,5}

(3) k-- 表示赋值关系 $k = k-1$.

如: k=1;Table[k--,{5}]获得表{1, 0, -1, -2, -3}

(4) --k 表示先处理 k 的值,再做 k=k-1.

如:k=1;Table[--k,{5}]获得表{0,-1,-2,-3,-4}

(5) {x,y}={y,x}表示交换 x 与 y 值.

第二节 作函数图象的命令

在 Mathematica 系统中,用"Plot"和"ParametricPlot"命令绘制二位图形. 本节主要介绍如何绘制、标记二维图形.

"Plot"命令有很多形式,下表给出了其命令格式与意义.

命令参数	意义
Plot[f,{x,$x$min,$x$max}]	绘出 x 在 $x$min 到 $x$max 范围内变化的函数 f 的图形
Plot[{f1,f2,…},{x,$x$min,$x$max}]	在 x 的变化范围内绘出多个函数的图形

【例 1】 绘出函数 $y=x^3$ 在 x 从-10 到 10 变化的图形.

解 In[1]:=Plot[x^3,{x,-10,10}]

Out[1]:=-Graphics

【例 2】 绘出 $y=\ln x$ 在 x 从 0 到 10 变化的图形.

解 In[2]:=Plot[log[x], {x, 0,10}]

Out[2]:=-Graphics

【例 3】 绘出 $y=\tan x$ 在 x 从 -2 到 2 变化的图形.

解 In[3]:=Plot[Tan[x],{x, -2,2}]

Out[3]:=-Graphics

【例 4】 在同一个坐标系内绘出函数 $y=\sin x, y=2\sin x, y=\sin 2x$ 在 x 从 $-\pi$ 到 π 变化的图形.

解 In[4]:=Plot[{Sin[x],2Sin[x],Sin[2*x]}, {x, -Pi,Pi}]

Out[4]:=-Graphics

练习

1. 绘出函数 $y=x^3-5$ 的图象.
2. 绘出函数 $y=x^2+2x-3$ 的图象.
3. 绘出函数 $y=\sin x+\cos x$ 的图象.

第三节 用 Mathematica 求极限

本节学习用 Mathematica 软件求函数极限,掌握使用软件求函数极限的基本方法。

Mathematica 计算极限的命令是 *Limit*,它的使用方法主要有:

表达式格式	表达式意义
Limit[f[x],x→x_0]	当 x 趋向于 x_0 时求 f[x]的极限
Limit[f[x],x→x_0,Direction→1]	当 x 趋向于 x_0 时求 f[x]的左极限
Limit[f[x],x→x_0,Direction→-1]	当 x 趋向于 x_0 时求 f[x]的右极限

计算下列极限:

1. $\lim\limits_{x\to 0}\frac{\sin x}{x}$;2. $\lim\limits_{n\to\infty}\left(1+\frac{1}{n}\right)^{3n}$;3. $\lim\limits_{x\to 2}\frac{\sqrt{x+2}-2}{x-2}$

其输入和输出为:

In[1]=limit[Sin[x]/x,x->0]

Out[1]=1

In[1]=limit[(1+1/n])^3n,n->Infinity]

Out[1]=∞

In[1]=limit[($\sqrt{x+2}$-2)/(x-2),x->2]

Out[1]=$\frac{1}{4}$.

练习

用 Mathematica 软件求下列极限.

1. $\lim\limits_{x\to 0}\frac{1-x\cos x}{x\sin x}$.

2. $\lim\limits_{x\to 1}\frac{\ln x}{x-1}$.

3. $\lim\limits_{x\to +\infty}\mathrm{e}^{-x}\sin x$.

附录二

本书常用的数学符号

数学符号	例子	读法及含义
P_n^m	P_3^2	从 n 个不同的元素中取出 m 个元素的排列数
$n!$	$2!$	n 的阶乘,自然数 1 到 n 的连乘积
C_n^m	C_3^2	从 n 个不同元素中取出 m 个元素的组合数
φ		不可能事件
ω	ω=正	哦米噶, 随机试验的一个样本点(基本事件)
Ω	$\Omega=\{1,2,3\}$	欧美噶,随机试验的样本空间
P	$P(A)$	事件 A 的概率
$\subset$	$A\subset B$	事件 B 包含事件 A
$\cup$	$A\cup B$	事件 A 与事件 B 的和(并)
$\cap$	$A\cap B$	事件 A 与事件 B 的积(交)
$-$	$A-B$	事件 A 与事件 B 的差
$\in$	$A\in l$	A 属于 l,点 A 在直线上
$\notin$	$B\notin l$	B 不属于 l,点 B 不在直线上
$\subset$	$l\subset\alpha$	l 包含于 α,直线 l 在平面 α 内

续表

数学符号	例子	读法及含义
$/\!/$	$l/\!/\alpha$	平行，直线 l 平行于 α
$\perp$	$\alpha\perp\beta$	垂直，平面 α 垂直于平面 β
$\lim\limits_{n\to\infty}$	$\lim\limits_{n\to\infty}x_n$	当 $n\to\infty$ 时数列 $\{x_n\}$ 的极限
$\lim\limits_{x\to+\infty}$	$\lim\limits_{x\to+\infty}f(x)$	当 $x\to+\infty$ 时函数 $f(x)$ 的极限
$\lim\limits_{x\to-\infty}$	$\lim\limits_{x\to-\infty}f(x)$	当 $x\to-\infty$ 时函数 $f(x)$ 的极限
$\lim\limits_{x\to x_0}$	$\lim\limits_{x\to x_0}f(x)$	当 $x\to x_0$ 时函数 $f(x)$ 的极限
$\lim\limits_{x\to x_0^+}$	$\lim\limits_{x\to x_0^+}f(x)$	当 x 从右侧趋于 x_0 时函数 $f(x)$ 的极限
$\lim\limits_{x\to x_0^-}$	$\lim\limits_{x\to x_0^-}f(x)$	当 x 从左侧趋于 x_0 时函数 $f(x)$ 的极限
$f'(x_0)$		函数 $f(x)$ 在点 x_0 处的导数
$f'_+(x_0)$		函数 $f(x)$ 在点 x_0 处的右导数
$f'_-(x_0)$		函数 $f(x)$ 在点 x_0 处的左导数
$\frac{\mathrm{d}y}{\mathrm{d}x},\frac{\mathrm{d}f}{\mathrm{d}x}$		函数 $f(x)$ 在区间 I 上的导函数
$\mathrm{d}y$ 或 $\mathrm{d}f$		函数 $f(x)$ 的微分

附录三

部分可能用到的数学公式

1. 和差化积与积化和差公式

和差化积公式

$$\sin\alpha+\sin\beta=2\sin\frac{\alpha+\beta}{2}\cos\frac{\alpha-\beta}{2}$$

$$\sin\alpha-\sin\beta=2\cos\frac{\alpha+\beta}{2}\sin\frac{\alpha-\beta}{2}$$

$$\cos\alpha+\cos\beta=2\cos\frac{\alpha+\beta}{2}\cos\frac{\alpha-\beta}{2}$$

$$\cos\alpha-\cos\beta=2\sin\frac{\alpha+\beta}{2}\sin\frac{\alpha-\beta}{2}$$

积化和差公式

$$\sin\alpha\cos\beta=\frac{1}{2}[\sin(\alpha+\beta)+\sin(\alpha-\beta)]$$

$$\cos\alpha\sin\beta=\frac{1}{2}[\sin(\alpha+\beta)-\sin(\alpha-\beta)]$$

$$\cos\alpha\cos\beta=\frac{1}{2}[\cos(\alpha+\beta)+\cos(\alpha-\beta)]$$

$$\sin\alpha\sin\beta=-\frac{1}{2}[\cos(\alpha+\beta)-\cos(\alpha-\beta)]$$

2. 倍角公式

$$\sin 2\alpha=2\sin\alpha\cos\alpha$$

$$\cos 2\alpha=2\cos^2\alpha-1=1-2\sin^2\alpha=\cos^2\alpha-\sin^2\alpha$$

$$\cot 2\alpha=\frac{\cot^2\alpha-1}{2\cot\alpha}$$

$$\tan 2\alpha=\frac{2\tan\alpha}{1-\tan^2\alpha}$$

3. 反三角函数性质

$$\arcsin x=\frac{\pi}{2}-\arccos x$$

$$\arctan x=\frac{\pi}{2}-\arctan x$$

附录四

部分习题参考答案

复习题 1

1. (1) mn (2) 7920 (3) 120 72 (4) 15
2. (1) C (2) A (3) A
3. 720
4. (1) 1631 (2) 600 (3) 288 (4) 216
5. 56
6. 30

复习题 2

1. (1) × (2) × (3) ×
2. (1) 0.384 (2) $\frac{1}{12}$ (3) 0.98
3. (1) A (2) C (3) A (4) C
4. $\frac{1}{9}$
5. 0.3
6. $\frac{1}{15}$
7. (1) 0.3 (2) $\frac{1}{6}$
8. 0.9
9. 不对
10. (1) 0.2 (2) 0.2

复习题 3

1. (1) ✓ (2) ✓ (3) × (4) × (5) × (6) ✓ (7) × (8) × (9) ✓ (10) ✓

2. (1) $\sqrt{3}x+y+2=0$ (2) $a=-\frac{1}{2}$ (3) $4x-3y-6=0$ (4) $(x-1)^2+(y-1)^2=25$ (5) 6 (6) $x+y=0, x^2-y^2=8$ (7) 向上 $\left(0,\frac{5}{8}\right)$ $y=-\frac{5}{8}$

3. (1) A (2) C (3) A (4) D (5) B (6) C (7) B (8) C (9) A (10) A

4. $x-3y-10=0$ 或 $3x+y=0$

5. $x-y-6=0$ 或 $x-y+2=0$

6. $\frac{x^2}{9}+\frac{y^2}{25}=1$

7. $\frac{x^2}{18}-\frac{y^2}{144}=1$ 或 $\frac{y^2}{18}-\frac{x^2}{144}=1$

8. $(9,6)$ 或 $(9,-6)$

复习题 4

1. (1) ✓ (2) × (3) × (4) ✓ (5) × (6) ✓ (7) × (8) × (9) ×

2. (1) $l /\!/ \alpha$ (2) $\arctan\sqrt{2}$ (3) $l \perp \alpha$ (4) $\arctan\sqrt{2}$ (5) $\sqrt{b^2+2a^2}$

3. (1) D (2) A (3) C (4) B

4. 略

5. 26 cm

6. $\frac{4\sqrt{3}}{3}$

7. $\frac{\sqrt{3}}{6}a^3$

复习题 5

1. $f(0)=\frac{\pi}{2}$； $f(1)=\frac{\pi}{3}$； $f(-\sqrt{3})=\frac{5}{6}\pi$； $f(-\sqrt{2})=\frac{3}{4}\pi$.

2. $f\left(-\frac{1}{2}\right)=0$； $f\left(\frac{1}{3}\right)=\frac{2}{3}$； $f\left(\frac{3}{4}\right)=\frac{1}{2}$； $f(2)=0$.

3. (1) $y=2\sqrt{u}$；$u=4-x^2$； (2) $y=u^2$，$u=\sin x$； (3) $y=\arccos u$；$u=\ln x+1$；

(4) $y=\sin v$，$v=\sqrt{t}$，$t=1-x^2$.

4. (1) $f[f(2)]=f(1)=0$ (2) $\{x|x>16$ 或 $x<-2\}$

5. (1) 1 (2) 1 (3) 0 (4) 极限不存在 (5) 0 (6) 1

6. (1) 0 (2) 0 (3) 2 (4) 0 (5) 1 (6) 0

7. (1) $\frac{1}{2}$ (2) 4 (3) $\frac{1}{4}$ (4) 2 (5) 3 (6) 2 (7) 0 (8) 1

8. (1) 1 (2) 2 (3) 3 (4) 2 (5) 3

9. 略

复习题 6

1. (1) √ (2) √ (3) √ (4) × (5) √

2. (1) $f'(x_0)$ (2) $-f'(x_0)$ (3) $f'(0)$

3. (1) $y'=4x+3$ (2) $y'=2x-\frac{1}{x^2}+\frac{1}{x}$ (3) $y'=\ln x+1$ (4) $y'=\frac{2}{(x+1)^2}$

4. $y'\Big|_{x=1}=1$

5. (1) $dy=(\sin 2x+2x\cos 2x)dx$ (2) $dy=\dfrac{\frac{1}{2\sqrt{x^2+1}}-x\sqrt{x^2+1}}{x^2+1}dx$

(3) $dy=8x\tan(1+2x^2)\sec^2(1+2x^2)dx$ (4) $3e^{\sin 3x}\cdot\cos 3x dx$

(5) $dy=\frac{x}{x^2-1}dx$ (6) $dy=\pm\frac{1}{\sqrt{1-x^2}}dx$